北京理工大学“双一流”建设精品出版工程

Testing Technology of Materials and Structures under Impact Loading

冲击载荷下材料及结构性能测试技术

王扬卫　张洪梅　安　瑞◎编著

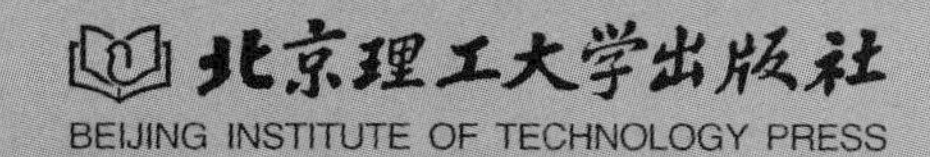
北京理工大学出版社
BEIJING INSTITUTE OF TECHNOLOGY PRESS

图书在版编目(CIP)数据

冲击载荷下材料及结构性能测试技术 / 王扬卫，张洪梅，安瑞编著. -- 北京：北京理工大学出版社，2022.4

ISBN 978-7-5763-1202-7

Ⅰ. ①冲… Ⅱ. ①王… ②张… ③安… Ⅲ. ①冲击载荷-材料-结构性能-性能检测-测试技术 Ⅳ. ①TB302

中国版本图书馆 CIP 数据核字(2022)第 055383 号

出版发行 / 北京理工大学出版社有限责任公司
社　　址 / 北京市海淀区中关村南大街 5 号
邮　　编 / 100081
电　　话 / (010) 68914775（总编室）
　　　　　 (010) 82562903（教材售后服务热线）
　　　　　 (010) 68944723（其他图书服务热线）
网　　址 / http://www.bitpress.com.cn
经　　销 / 全国各地新华书店
印　　刷 / 三河市华骏印务包装有限公司
开　　本 / 787 毫米×1092 毫米　1/16
印　　张 / 7.5
字　　数 / 143 千字
版　　次 / 2022 年 4 月第 1 版　2022 年 4 月第 1 次印刷
定　　价 / 36.00 元

责任编辑 / 多海鹏
文案编辑 / 闫小惠
责任校对 / 周瑞红
责任印制 / 李志强

PREFACE 前言

在航空航天、兵器、民用交通、装备制造领域中，会涉及材料在爆炸、高速和超高速碰撞、高速切削等冲击载荷下服役的情形；冲击载荷作用下材料发生了高应变速率、大应变形变，同时伴随局部的高温和高压等极端响应特征。已有的研究表明，冲击载荷下材料和构件的响应显著不同于传统的静力学行为，需要采用特殊的冲击加载装置和过程量测试仪器，以准确反映材料和构件在极端冲击载荷下响应行为。然而冲击载荷的短时，甚至是瞬时的特征，使得动态冲击响应测试难度大、影响因素多、测试结果分散性大、不同测试单位的结果差异大等，急需对测试技术、数据处理方法进行规范，以提高测试精度和测试水平。本书依托北京理工大学冲击环境材料技术国家级重点实验室，集中梳理了近20年来材料和构件的动态测试经验与体会，总结成册，希望能对从事冲击环境材料和结构研究的本科生、研究生，科研院所的同行在实验设计、实验实施方面提供帮助。

本书第2章到第8章，针对材料和结构两种对象的动态冲击载荷下行为研究，详细阐述了动态压缩、动态拉伸、动态弯曲、动态硬度四种材料测试技术，以及弹道侵彻、爆轰两种构件冲击加载测试技术的实验原理、实验设备、实验设计、实验步骤、数据处理方法、相关标准等。为本科生、研究生在开展相关实验研究时提供实验方法，规范实验过程和数据处理，以获得可靠的实验结果。

本书由王扬卫、张洪梅、安瑞编著，程焕武老师，研究生谈燕、付强、姜炳岳、鲍佳伟、张博文、靳楠、赵平洛、张常乐、胡欣等为本书提供了大量素材和数据。特别感谢所有为本书编写做出贡献的博士研究生、硕士研究生和本科生，恕不能列出全部名字。

由于冲击载荷下材料及结构性能测试技术涉及的内容和应用领域十分广泛，加之学科新知识不断涌现，而编者的专业范围和知识水平有限，书中难免存在不完善之处，敬请读者不吝赐教，以便今后及时修改和更新。

编　者

2021年11月

目 录
CONTENTS

第1章 绪　　论

1.1 冲击载荷、应力波和材料动态力学性能的关系

在各类工程技术、军事技术和科学研究等领域，甚至日常生活中，人们常会遇到各种各样的冲击载荷问题，并且可以观察到物体在冲击载荷下的力学响应往往与静载荷下的响应有显著的不同。例如，飞石打击在窗玻璃上时往往首先在玻璃的背面造成碎裂崩落；又如，对一金属杆端部施加轴向静载荷时，变形基本上是沿杆均匀分布的，但当施加轴向冲击载荷时则变形分布极不均匀，残余变形集中于杆端；再如，子弹着靶时，弹头变形呈蘑菇状。固体力学的动力学理论的发展正是与解决这类力学问题的需要分不开的。

固体力学的静力学理论所研究的是处于静力平衡状态下的固体介质，以忽略介质微元体的惯性作用为前提；而冲击载荷以载荷作用的短历时为特征，在以毫秒（ms）、微秒（μs）甚至纳秒（ns）计的短暂时间尺度上发生了运动参量的显著变化。例如炸药在固体表面接触爆炸时的压力也可在几微秒内突然升高到 10 GPa 量级；子弹以 $10^2 \sim 10^3$ m/s 的速度射击到靶板上时，载荷总历时几十微秒，接触面上压力可达到1 ~ 10 GPa 量级。在这样的动载荷条件下，介质的微元体处于随时间迅速变化的动态过程中，这是一个动力学问题，必须考虑介质微元体的惯性和应力波传播。

当外载荷作用于可变形固体的某部分表面时，一开始只有那些直接受到外载荷作用的表面介质质点离开了初始平衡位置。由于这部分介质质点与相邻介质质点之间发生了相对运动（变形），将受到相邻介质质点所给予的作用力（应力），但同时也给相邻介质质点以反作用力，因而使它们也离开初始平衡位置运动起来。不过，由于介质质点具有惯性，相邻介质质点的运动将滞后于表面介质质点的运动。以此类推，外载荷在表面所引起的扰动就这样在介质中逐渐由近及远传播出去而形成应力波。扰动区域与未扰动区域的界面称为波阵面，而其传播速度称为波速。常见材料的应力波波速为 $10^2 \sim 10^3$ m/s 量级。注意区分波速和质点速度，前者是扰动信号在介质中的传播速度，而后者则是介质质点本身的运动速度。如果两者方向一

致，称为纵波；如果两者方向垂直，则称为横波。根据波阵面几何形状的不同，应力波有平面波、柱面波、球面波等之分。

一切固体材料都具有惯性和可变形性，当受到随时间变化的外载荷作用时，它的运动过程总是一个应力波传播、反射、透射和相互作用的过程[1]。在忽略了介质惯性的可变形固体静力学问题中，忽略了达到静力平衡前的应力波传播和相互作用过程，而着眼于研究达到应力平衡后的结果。在忽略了介质可变形的刚体力学问题中，其应力波传播速度趋于无限大，因而也不必考虑其应力波传播问题。对于冲击载荷条件下的可变形固体，由于在与应力波传过物体特征长度所需时间的同量级或更低量级的时间尺度上，载荷已经发生了显著变化，同时可变形固体的运动过程正是研究的目的，因此就必须考虑应力波的传播过程。

冲击载荷所具有的在短暂时间尺度上发生载荷显著变化的特点，必定同时意味着高加载率或高应变率。一般常规静态实验中的应变率为 $10^{-5} \sim 10^{-1}\ s^{-1}$量级，而在必须考虑应力波传播的冲击实验中的应变率则为 $10^{2} \sim 10^{4}\ s^{-1}$，甚至可高达 $10^{7}\ s^{-1}$，即比静态实验中的高多个量级。大量实验表明，在不同应变率下，材料的力学行为往往是不同的。从材料变形机理来说，除了理想弹性变形可看作瞬态响应外，各种类型的非弹性变形和断裂都是以有限速率发展、进行的非瞬态响应（如位错的运动过程、应力引起的扩散过程、损伤的演化过程、裂纹的扩展过程等），因而材料的力学性能本质上是与应变率相关的，通常表现为：随着应变率的提高，材料的屈服极限提高，强度极限提高，延伸率降低，以及屈服滞后和断裂滞后等现象。从热力学的角度来说，静态下的应力－应变过程接近于等温过程，而高应变率下的材料局部动态应力－应变过程则接近于绝热过程，因而是一个伴有温度变化的热－力学耦合过程。

如果将一个结构物在冲击载荷下的动态响应与静态响应相区别的话，则动态响应实际上既包含介质质点的惯性效应，也包含材料本构关系的应变率效应。实际上，在处理冲击载荷下的固体动力学问题时面临着两方面的问题：其一是已知材料的动态力学性能，在给定的外载荷条件下研究介质的运动，这属于应力波传播规律的研究；其二是借助应力波传播的分析来获得材料本身在高应变率下的动态力学性能，这属于材料力学性能或本构关系的研究。问题的复杂性在于：一方面应力波理论的建立需要依赖对材料动态力学性能的了解，是以已知材料动态力学性能为前提的；另一方面材料在高应变率下动态力学性能的研究又往往需要依赖应力波理论的分析指导。因此，应力波的研究和材料动态力学性能的研究之间有着特别密切的关系。

虽然从本质上说材料本构关系总是或多或少地对应变率敏感，但其敏感程度视不同材料而异，也视不同的应力范围和应变率范围而异。在一定的条件下，有时可近似地假定材料本构关系与应变率无关，在此基础上建立的应力波理论称为应变率无关理论。其中，根据应力－应变关系是线弹性的、非线性弹性的、塑性的等，则分别称为线弹性波、非线性弹性波、塑性波理论等。相反，如果考虑到材料本构关系的应变率相关性，相应的应力波理论则称为应变率相关理论。其中，根据本构关系是粘弹性的、粘弹塑性的、弹粘塑性的等，则分别称为粘弹性波、粘弹塑性波、弹粘塑性波理论等。

近 70 年来，应力波的研究和应用取得了迅速发展，广泛地应用于地震、工程爆破、爆炸加工、爆炸合成、超声波和声发射技术、机械设备的冲击强度、工程结构的动态响应武器效应（弹壳破片的形成、聚能破甲、穿甲、碎甲、核爆炸和化学爆炸的效应及其防护等），微陨石和雨雪冰沙等对飞行器的高速撞击，地球和月球表面的陨星坑的研究，动态高压下材料力学性能（包括固体状态方程）、电磁性能和相变等的研究，材料在高应变率下的力学性能和本构关系的研究，动态断裂的研究，以及高能量密度粒子束如电子束、X 射线、激光等对材料作用的研究等。

1.2　材料动态载荷下力学行为研究的意义

随着科技发展的步伐日益加快，结构材料需要更加优异的性能来满足更高的使用要求，因此，对于材料动态载荷下的宏观力学行为探索和微观组织演变研究是一项非常有意义的工作。材料在不同工况条件下的力学参数及变形机理将为工业生产中的选材和设计提供科学依据。

金属材质零部件在实际生产中的使用性能与其力学行为有着重要联系。与常规的中低应变速率条件下服役相比，金属材料在高应变速率工况下的服役过程中表现出的力学行为和组织演变过程是完全不同的，其变形行为相对于静态条件更加复杂。金属材质零部件的高应变速率变形普遍存在于工业生产、科学研究和国防军事等领域，如冲压、高速切削、飞机鸟撞、空间碎片撞击航天器、汽车保险杠的撞击、弹靶作用和爆破冲击，这些过程都伴随材料的高应变速率变形，与材料的动态力学行为密切相关。对于金属材料在常规条件和简单工况下，尤其是静态和准静态条件下的力学性能和组织演变的研究以及经验积累已经远远不能满足实际生活和生产的需求。因此，对于金属材料在高应变速率条件下的力学性能和组织演变的研究显得非常必要[2-5]。例如绝热剪切局部化（adiabatic shear localization）是材料冲击响应中普遍存在的重要现象，广泛存在于金属材料的高应变率动态变形中，往往是材料在高应变率加载下发生破坏的前兆。因此，材料的动态剪切变形及断裂行为一直是材料动态力学特性研究的热点。

现代战争中，武器战斗部，特别是动能武器战斗部的速度和能量大幅度提高，武器对人体和装备的伤害能力大大提高，结构简单的均质金属装甲已经在防护力上难以满足需求。为满足高强度、高韧性、高温的强动载服役环境需求，氧化铝、碳化硅、碳化硼等超硬陶瓷，已经应用于装甲防护领域。然而陶瓷材料的动态行为研究相对于金属材料而言十分困难，相关的力学性能和损伤演化机制的研究积累相比金属少了很多。

为了更好地设计及制备性能优异、符合实际应用要求的冲击环境应用的材料，需要对冲击应力波在材料中的传播、材料的损坏模式有理论上的深刻认识，才能对抗冲击材料的设计和制备进行指导。入射物和抗冲击材料碰撞瞬间，在接触界面同时向两者传入两道强冲击应力波。研究冲击产生的应力波在材料内的传播以及对材料的破坏过程，其物理理论是高速碰撞过程中的能量守恒、动量守恒和质量守恒理论。从抗冲击材料本身出发，抗冲击能力主要体现为材料在动态加载下对能量的吸收能力和结构完整性。在对能量吸收方面，要求材料具有高动态模量、高动态压缩强度以及在高动态压缩应力下的高应变能力；在材料结构完整性方面，要求材料具有高损伤容忍性和优异的抑制裂纹扩展能力。

综上所述，材料动态载荷下力学行为研究具有极强的应用背景需求和学术价值，被工程和材料界广泛关注和持续研究。

我们希望通过这样的叙述使读者对动态力学性能的研究有一个初步而又比较系统的了解。动态冲击加载下材料和结构响应的研究内容和技术远不止于此。本书只是提供一个实验研究基础，计算机技术已经能够应用到该领域，在可以预见的未来，人工智能（artificial intelligence，AI）和大数据等技术必将得到广泛应用，从而大幅度地提升实验的精度和效率。

参考文献

[1] 王礼立. 应力波基础 [M]. 北京：国防工业出版社，2010：1－4.

[2] 叶拓. 6063 铝合金动态载荷变形条件下的力学响应和微观组织演变 [D]. 长沙：湖南大学，2016.

[3] 周刚毅. TA2 钛合金绝热剪切破坏特性及应力状态晶粒度影响 [D]. 宁波：宁波大学，2018.

[4] 李良军. 层状陶瓷的制备动态压缩性能及抗冲击机理 [D]. 西安：西北工业大学，2016.

[5] 郭开岭. 重复冲击载荷下船用泡沫金属夹芯结构动态力学行为研究 [D]. 武汉：武汉理工大学，2019.

第 2 章

材料动态压缩测试技术

动态力学性能参数是研究高速碰撞、武器毁伤等结构冲击响应的基础数据。材料高应变率条件下的压缩性能反映材料在动态压缩载荷下的结构强度、应变率效应等力学特征，是结构设计、优化和制造中的关键材料参数，是建立材料动态本构模型的重要参量，也是采用数值模拟方法研究材料冲击行为的基础依据。因此，通过高应变速率压缩试验方法测试金属、陶瓷等材料的动态力学性能具有重要的科研及工程意义。

2.1　脆性材料动态压缩测试

2.1.1　设备状态评估

用于脆性材料动态压缩测试的分离式霍普金森压杆系统示意图如图 2.1 所示，在传统金属材料动态压缩测试系统的基础上，增加了波形整形器（pulse shaper）和垫块，其中，波形整形器是由低屈服强度材料制成的小薄片，加装在入射杆的被撞击端，用于入射应力波上升沿斜率的调整；垫块使用刚强度材料制成，放置在试样两端。加载杆及系统有效性的规定请参见 GB/T 34108—2017《金属材料高应变速率室温压缩试验方法》。

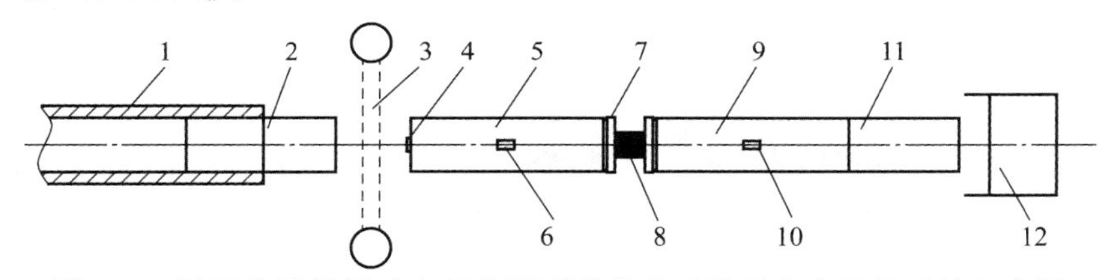

图 2.1　用于脆性材料动态压缩测试的分离式霍普金森压杆系统示意图

1—撞击杆驱动系统；2—撞击杆；3—测速系统；4—波形整形器；5—入射杆；6、10—应变计；
7—硬质合金垫块；8—试样；9—透射杆；11—吸收杆；12—阻尼器

在开展实验前，应对霍普金森压杆系统进行检验，具体方法如下。

（1）将入射杆和透射杆同轴接触，施加撞击载荷，检测入射波和透射波状态。

当入射波和透射波的形状相同，且两曲线平台值相差小于5%时（可适当放宽至10%），则认为波导杆同轴度满足实验要求。如出现较大的反射信号，说明波导杆同轴度较差；如出现波形异常，则需检查应变片粘贴或线路焊接是否合格。

（2）在规定加载速度下测试标准试样，数据处理后对比应变率曲线和动态压缩（或屈服）强度是否与标样规定结果一致。如应变率出现较大偏差，则需检查撞击杆速度是否正常，气室密封圈是否良好，分离式霍普金森压杆（SHPB）气压与撞击杆速度对照关系请参考附录；如压缩强度出现较大偏差，则需检查标定文件是否正确、应变片粘贴是否异常。

2.1.2　试样要求

试样采用圆柱体，试样直径小于波导杆直径，且试样长径比为0.5～1.0（参考金属动态压缩测试标准，未经验证）。试样的直径和长度的尺寸公差不大于Js9级，上下表面应研磨成平面并相互平行，平行度误差0.01 mm，与轴心垂直度误差不大于0.01 mm。上下表面的边缘作45°的倒角或圆弧倒角，深度为0.1～0.2 mm（参考GB/T 8489—2006《精细陶瓷压缩强度试验方法》）；试样表面粗糙度不超过*Ra*0.8。

2.1.3　垫块设计

由于陶瓷等脆性材料的硬度通常高于波导杆，直接使用波导杆加载会导致波导杆端面发生损伤；同时，波导杆端面发生变形会对试样端面产生约束，进而导致测试结果出现偏差。因此在陶瓷等高强度脆性材料的动态压缩测试过程中，通常需要使用硬度较高、刚性较好的垫块作为应力传递媒介。

碳化钨硬质合金具备高硬度、高刚度的特性，可以作为垫块使用，但其弹性模量和密度与波导杆差异较大，需要考虑声阻抗匹配问题，避免应力波信号失真；同时，硬质合金韧性较差，直接作为垫块使用时容易出现破碎损伤情况，因此主要在其圆周面施加约束，以保证其结构的完整性，延长其使用寿命。

$$(\rho CA)_{\text{垫块}}=(\rho CA)_{\text{波导杆}} \tag{2.1}$$

$$C=\sqrt{\frac{E}{\rho}} \tag{2.2}$$

垫块设计遵循声阻抗匹配原则，如式（2.1）、式（2.2）所示，式中ρ为密度、C为弹性波波速、A为横截面积。例如，采用YG20硬质合金作为垫块材料，其弹性模量为485.73 GPa，密度为13.49 g/cm^3，针对直径为16 mm的55CrSi材质波导杆（$E=206$ GPa，$\rho=7.73$ g/cm^3），垫块计算直径约为11.2 mm，垫块厚度对声阻抗没有明显影响，设定为5 mm。

设计垫块约束部分时，需尽可能减小其对应力波传导的影响，推荐使用图2.2所示结构，约束环外径与加载杆直径相同，内环与硬质合金垫块过盈配合，在与加载杆接触端面设计圆台过渡，以保证垫块只有硬质合金部分与波导杆接触。为减少试样安装位置偏差造成的垫块失稳现象，过渡圆台的顶角设定不应过小，推荐不小于 150°。

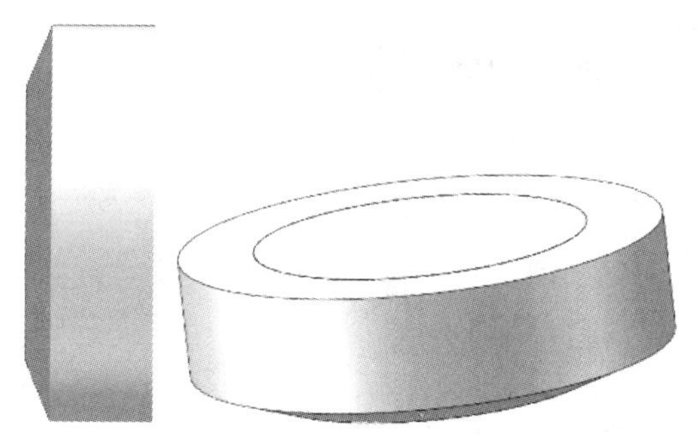

图 2.2　垫块约束结构示意图

垫块使用前，应通过对比安装垫块后的入射波、透射波空载波形，对其声阻抗匹配性进行验证，入射波和透射波形状相同，平台幅值差异应小于 10%。

2.1.4　恒应变率加载

在动态压缩测试过程中，试样经历弹性变形、塑性变形、损伤碎裂过程，其应变率是随时间实时变化的，为得到较为恒定的加载应变率，需在应变率－时间曲线上产生一个较为水平的平台，在此平台范围内，材料处于恒应变率加载阶段。

脆性材料动态压缩测试中，通过使用不同材质、不同尺寸的波形整形器，配合不同的撞击速度，实现恒应变率加载；同时，波形整形器的引入使得试样中的应力增长速度减缓，提供了更加充足的应力平衡时间，避免了试样在应力平衡前提前失效，保证了实验的有效性。

1. 恒应变率加载实现条件

实验发现，通过波形整形器获得的入射波并非宏观视角观察到的“三角波”，在“三角波”上升过程中存在拐点 A，如图 2.3 所示，A 点幅值由整形器材料（动态屈服强度）及直径决定。

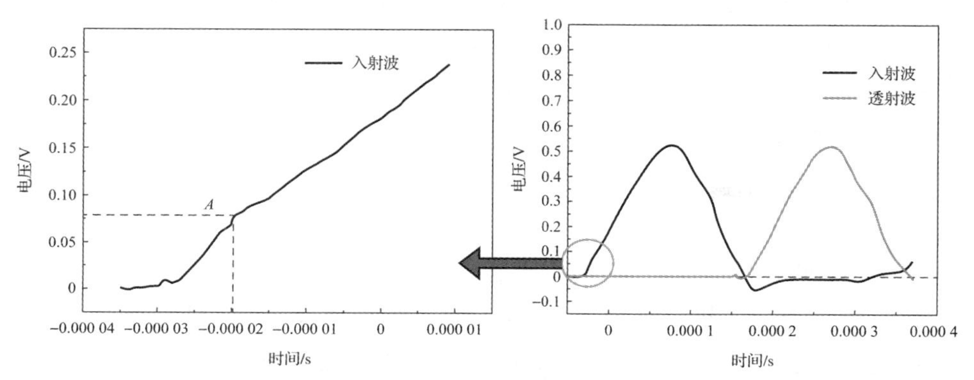

图 2.3　H62 黄铜整形器空杆加载波形

图 2.4 为 $\phi 5\times 5$ mm 碳化硅陶瓷 SHPB 试验的数据重合曲线，可将加载过程划为三个阶段：应力平衡阶段、恒应变率加载阶段、破碎卸载阶段。

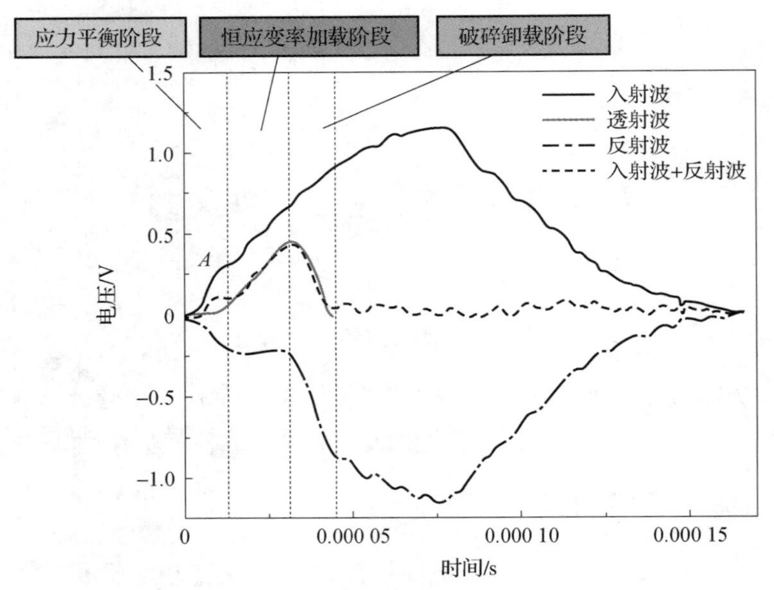

图 2.4　脆性材料加载波形数据重合情况

在应力平衡阶段（从开始加载到入射波到达 A 点），应力波在试样中来回反射，试样两端面的应力趋于相等，在此过程中不满足“入射波 + 反射波 = 透射波”，反射波（应变率曲线）处于上升阶段，为非恒应变率加载；通常认为应力波在试样内部反射 3 ~ 5 个来回后，试样即处于应力平衡状态，式（2.3）中给出了应力平衡时间计算方法，其中 L_B 为试样长度，C_B 为待测材料声速，α 为反射次数，通过计算，图 2.4中测试的脆性材料应力平衡时间约为 5 μs（图中应力平衡阶段约为 10 μs），需保证入射波到达 A 点时间大于试样应力平衡时间，且应力幅值不超过材料破坏强度。

$$\tau = \frac{L_B}{C_B}\alpha \tag{2.3}$$

在恒应变率加载阶段（从入射波到达 A 点时刻到透射波到达最高点时刻），反射波幅值保持恒定，入射波幅值 = 透射波幅值 + 恒值（约等于 A 点幅值），入射波斜率与透射波相同。

在破碎卸载阶段（从透射波最高点对应时刻到透射波下降到基线时刻），试样发生失效，透射波幅值减小，反射波幅值陡然增大。此后波形与加载无关，不予分析考虑。

2. 入射波波形设计

以 H62 黄铜、6061 铝、45#钢作为波形整形器开展实验，分别研究了整形器直径、厚度及撞击速度对入射波波形的影响规律；并讨论了不同材质整形器对入射波波形的影响。

图 2. 5 为不同直径 H62 黄铜整形器在相同加载速度下的入射波波形。撞击杆速度为 15 m/s 时，采集得到直径为 4 mm、6 mm、8 mm、10 mm 时的入射波波形，发现随着整形器直径的增大，入射波上升沿拐点（A）幅值呈线性增加，其数值与整形器面积成正比，如表 2. 1 所示。

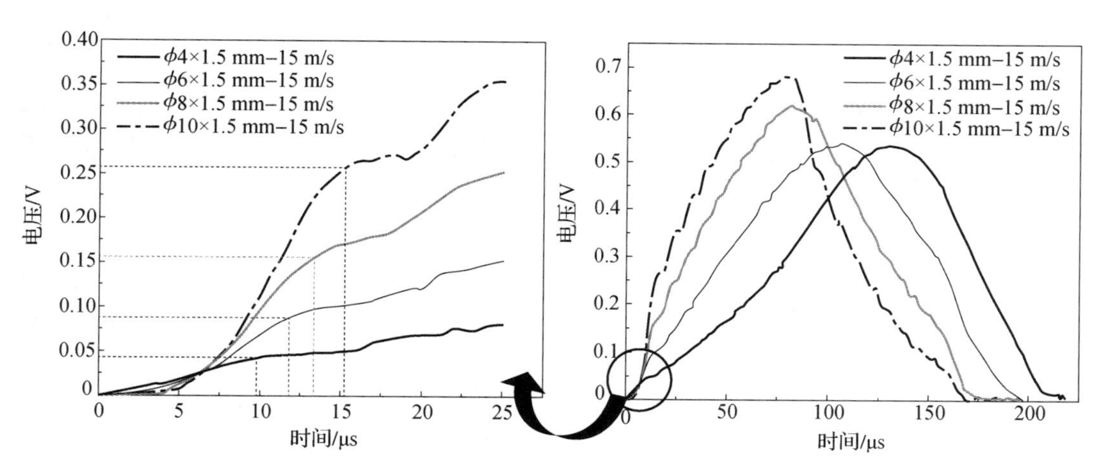

图 2. 5　不同直径整形器的入射波波形

表 2. 1　相同加载速度下整形器直径与入射波拐点电压对照关系

整形器直径 D_z/mm	拐点电压 U_A/V	比例关系	理论加载应变率 $\dot{\varepsilon}_s$/s^{-1}	测试加载应变率 $\dot{\varepsilon}$/s^{-1}
4	0. 044 2	4	478	437
6	0. 089 2	9	965	940
8	0. 153 0	16	1 655	1 650
10	0. 254 6	25	2 775	

由电压－应变对照关系（放大系数 K）及应变率计算公式可推导出不同直径的波形整形器能提供的理论加载应变率，计算公式为式（2. 4）、式（2. 5），式中 C_0 为波导杆纵波声速，l 为试样高度，ε_R 为反射波应变信号，U_R 为反射波电压信号，K 为放大系数（表 2. 1 中取 $K = 521.38$），U_A 为入射波上升沿拐点电压，K_s 为应变片灵敏度系数，R_g 为应变片阻值，ΔU_c 为动态应变仪标定电压，理论计算结果及实测数据见表 2. 1。

$$\dot{\varepsilon} = -\frac{2C_0}{l}\varepsilon_R = -\frac{2C_0}{l}U_R K = \frac{2C_0}{l}U_A K \tag{2.4}$$

$$K = \frac{1}{K_s\left(1 + \dfrac{30\ 000}{2R_g}\right) \cdot \Delta U_C} \tag{2.5}$$

根据实验结果推测，入射波上升沿出现拐点，是由于波形整形器在加载过程中发生屈服导致的，故按照应力波理论推导得到入射波上升沿拐点电压与整形器材料动态屈服强度之间的关系，如式（2.6）所示，式中 $\sigma_{D0.2}$ 为整形器动态屈服强度，D_0 与 D_z 分别为加载杆直径和整形器直径。

$$U_A = D_z^2 \cdot \frac{\sigma_{D0.2}}{D_0^2 E_0 K} \tag{2.6}$$

图 2.6 为相同尺寸的 H62 黄铜整形器在不同加载速度下获得的入射波波形。随着加载速度的增加，入射波上升沿拐点幅值略有增加，但变化不大；但入射波拐点之后的上升沿斜率变化明显，随着加载速度的增加，斜率逐步增大。

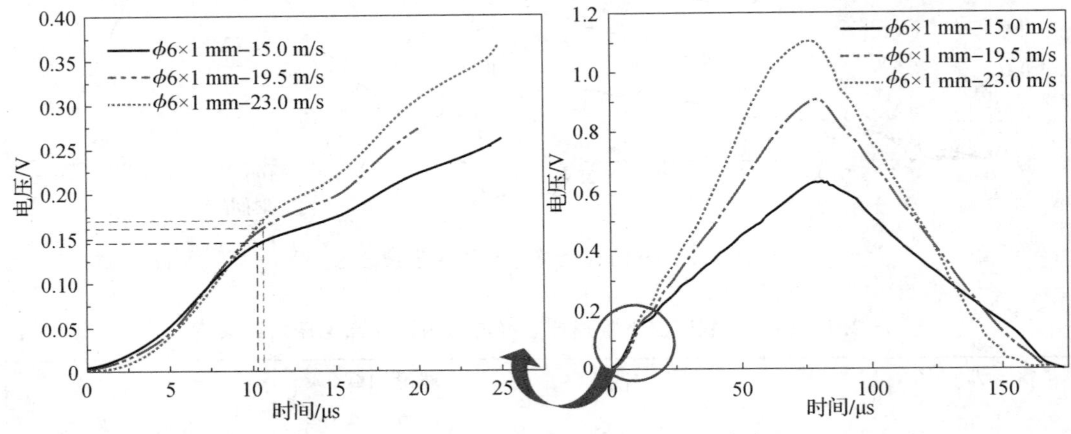

图 2.6　不同加载速度下整形器的入射波波形

（0.3 MPa 对应 15 m/s；0.4 MPa 对应 19.5 m/s；0.5 MPa 对应 23 m/s）

图 2.7 为相同直径、相同加载速度下，不同厚度的 H62 黄铜整形器获得的入射波波形，随着整形器厚度的增加，入射波上升沿斜率逐渐下降，入射波上升沿拐点幅值变化不大。

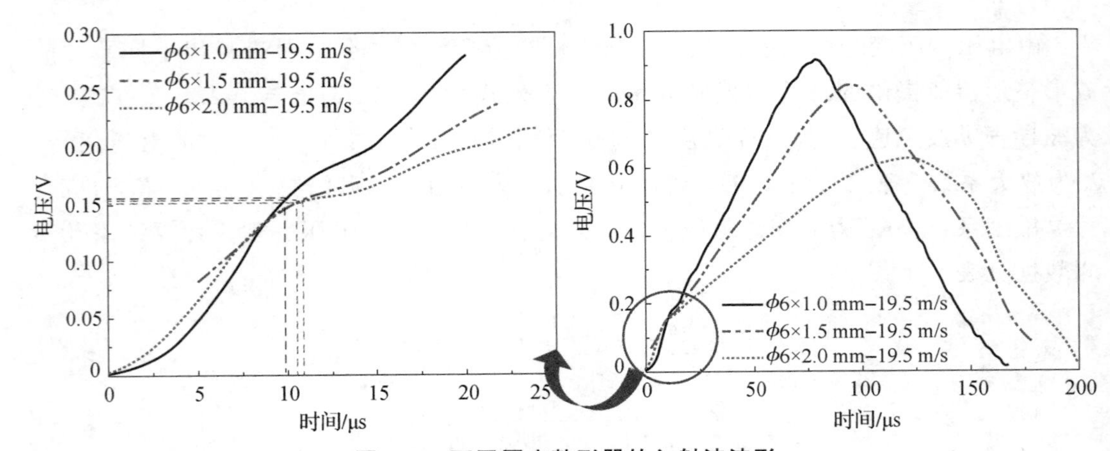

图 2.7　不同厚度整形器的入射波波形

图 2.8 为相同加载速度下不同尺寸 H62 黄铜波形整形器得到的入射波波形，两种尺寸整形器组合，入射波上升沿拐点幅值由小直径整形器决定；入射波上升沿斜率由大直径整形器决定，大直径整形器直径越大，入射波上升沿斜率越大。

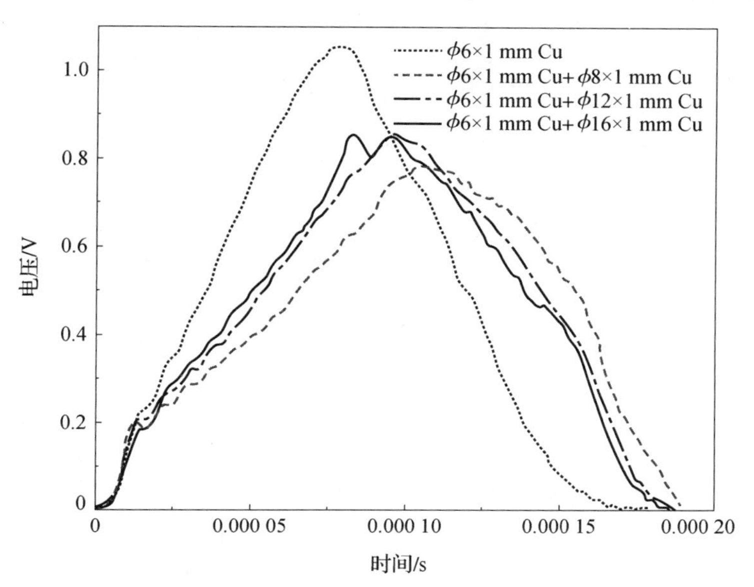

图 2.8　不同尺寸整形器组合的入射波波形

图 2.9 为 H62 黄铜整形器与黄铜加硅胶组合整形得到的入射波对比，当黄铜整形器直径较大时，入射波波形弥散现象严重，对测试效果影响较大；在黄铜整形器前端增加软质硅胶材料，可有效过滤高频波，减少弥散现象。

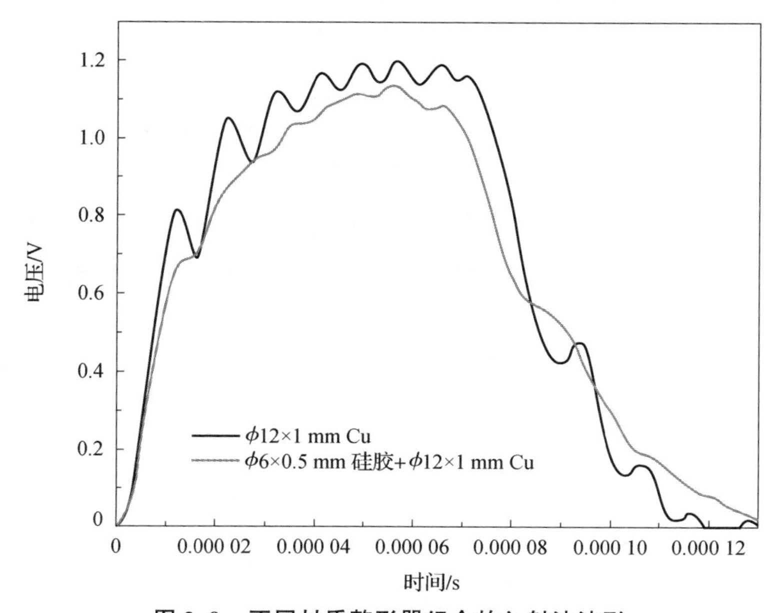

图 2.9　不同材质整形器组合的入射波波形

3. 恒应变率极限

图2.10为不同速率的恒应变率加载条件下，恒应变率平台与加载应变之间的关系。随着加载应变率的增加，材料达到恒应变率所需的应变增加，但材料的失效应变是一定的，若材料在实现恒应变率加载之前便达到失效应变，则无法实现恒应变率加载，因此脆性材料 SHPB 试验存在恒应变率加载上限。

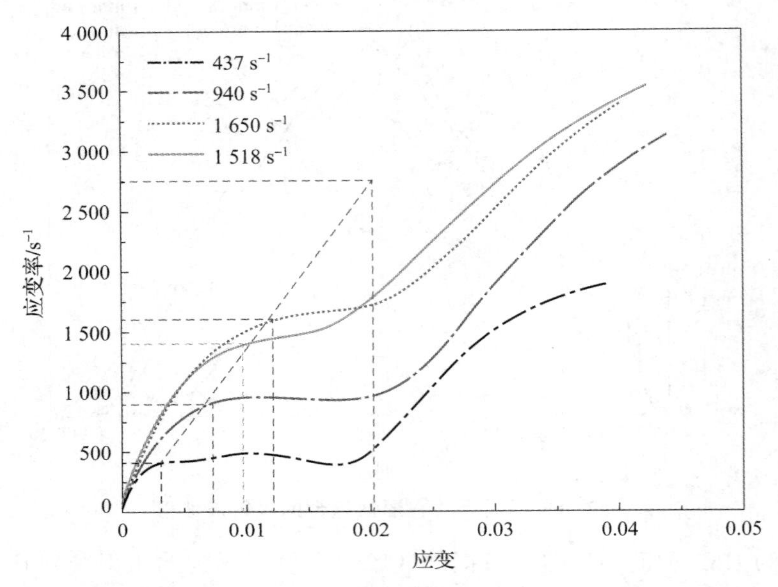

图 2.10　不同速率恒应变率加载平台与加载应变关系

恒应变率极限一方面与材料的失效应变有关，另一方面与反射波到达恒应变率平台的速度有关，及入射波上升沿到达拐点 A 之前的斜率，增加此部分斜率可在一定程度上提高恒应变率加载上限。

图2.11为相同尺寸不同材质的波形整形器在相同加载速度下得到的入射波波形，随着材料动态屈服强度的提高，入射波在到达拐点前的上升沿斜率有明显增加，可见改变波形整形器材质是提高脆性材料恒应变率加载极限的方法之一。

文献［1］中给出了有关脆性材料恒应变率加载极限的计算方法，如式（2.7）~式（2.9）所示，式中 $\dot{\varepsilon}_{sc}$为极限应变率，ε_{sf}为试样破坏应变，τ 为试样从加载到失效的极限时长，认为当 η 足够大时可实现试样的恒应变率加载（η 通常取0.9）。

$$\dot{\varepsilon}_{sc} = \frac{2\rho_s A_s C_s^2}{\rho A C l_0} \cdot \frac{\varepsilon_{sf}}{\dfrac{\alpha}{\eta} - 1} \tag{2.7}$$

$$\alpha = \frac{2\tau}{rt_0} \quad \eta = 1 - \exp\left(-\frac{2\tau}{rt_0}\right) \tag{2.8}$$

$$r = \frac{\rho CA}{\rho_s C_s A_s} \quad t_0 = \frac{l_0}{C_s} \tag{2.9}$$

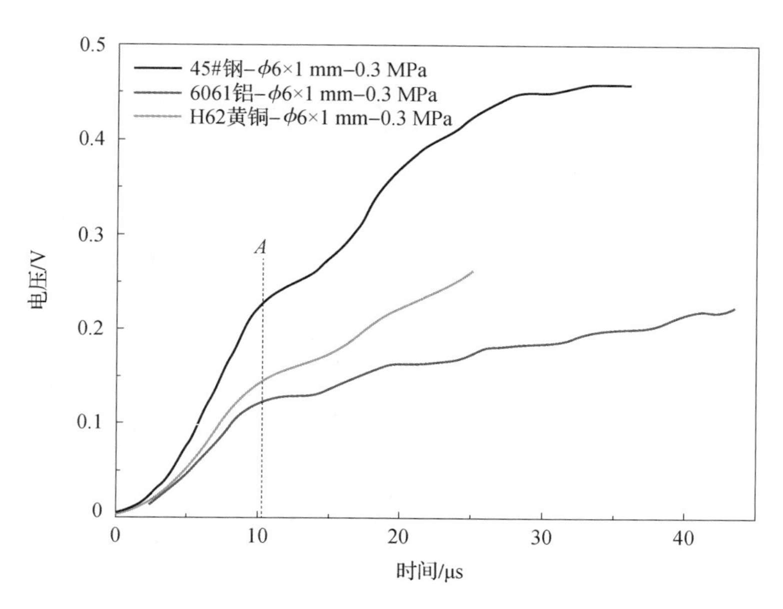

图 2.11　相同加载速度下不同材质波形整形器得到的入射波波形（15 m/s）

4. 恒应变率加载实现方法

由前文可知，要想实现材料的恒应变率加载，需满足入射波上升沿拐点后的斜率与透射波斜率相同，因此可以通过改变波形整形器尺寸及撞击杆撞击速度（加载气压）实现加载应变率的设计，具体实施步骤如下。

（1）根据加载应变率需求，设计黄铜波形整形器的尺寸，得到大致的加载应变率范围。

（2）通过调节撞击杆发射速度（或者不同尺寸整形器的叠加组合），控制反射波中应变率平台的走向，实现恒应变率加载，如图 2.12 所示，当应变率平台呈下降趋势时，说明加载速度偏低；当应变率平台呈上升趋势时，说明加载速度偏高，经过多次调试，即可找到本应变率范围内的最佳发射速度。

（3）如果要求的加载应变率较高，可改变波形整形器材质（屈服强度高于黄铜），控制入射波弹性段斜率，提高恒应变率加载上限（可实施性尚无实验验证）。

2.1.5　数据处理及有效性判定

在不考虑试样本身的均匀性及加工精度问题的情况下，测试数据的有效性可通过试样两端面的应力平衡情况进行判断，即“入射应变 + 反射应变 = 透射应变”；同样地，只有在应力平衡状态下，计算获得的“应变率 - 时间曲线”和“应力 - 应变曲线”才具备较高的可信度。

在实际数据处理过程中，加载波形起点的选取决定了“三波重合”的效果，入射波和反射波严格按照波形曲线偏离基线处设定波形起点；而透射信号受试样端面

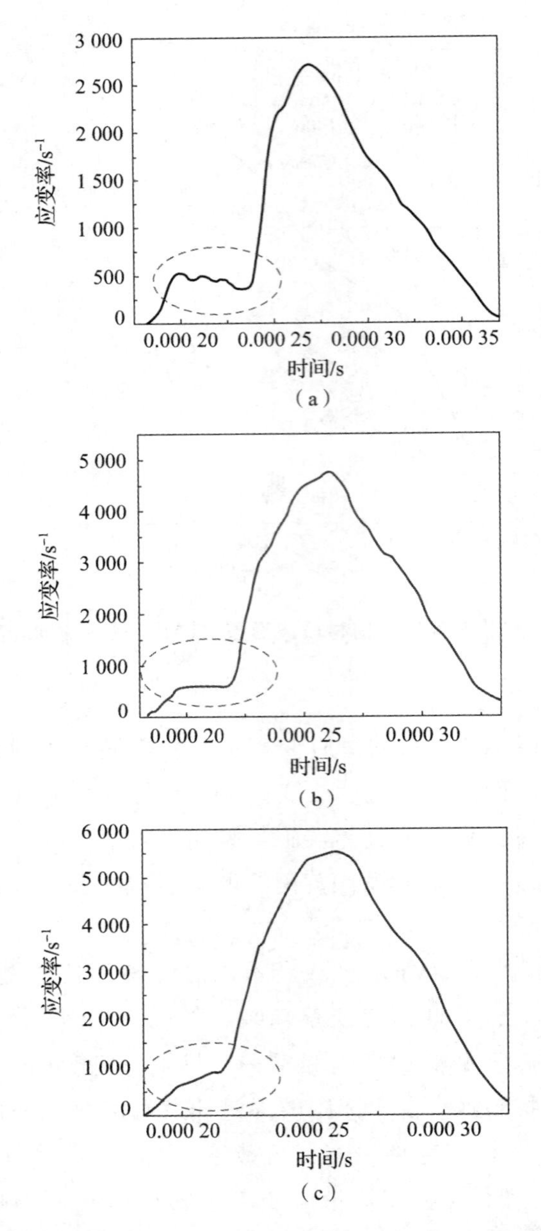

图 2.12　不同加载速度下相同波形整形器得到的反射波波形

（a）加载速度偏低；（b）恒应变率加载；（c）加载速度偏高

与透射杆端面之间的润滑脂、垫块以及应力平衡时间影响，其波形起点位置不能严格按照偏离点选取，应向前多选取 3～5 个数据点，以达到 3 条波形曲线完美重合的效果。波形选取过程如图 2.13 所示，图中虚线方框内为实际选取的波形。三波重合效果如图 2.14 所示。

具体数据处理过程，参考 GB/T 34108—2017《金属材料 高应变速率室温压缩试验方法》。

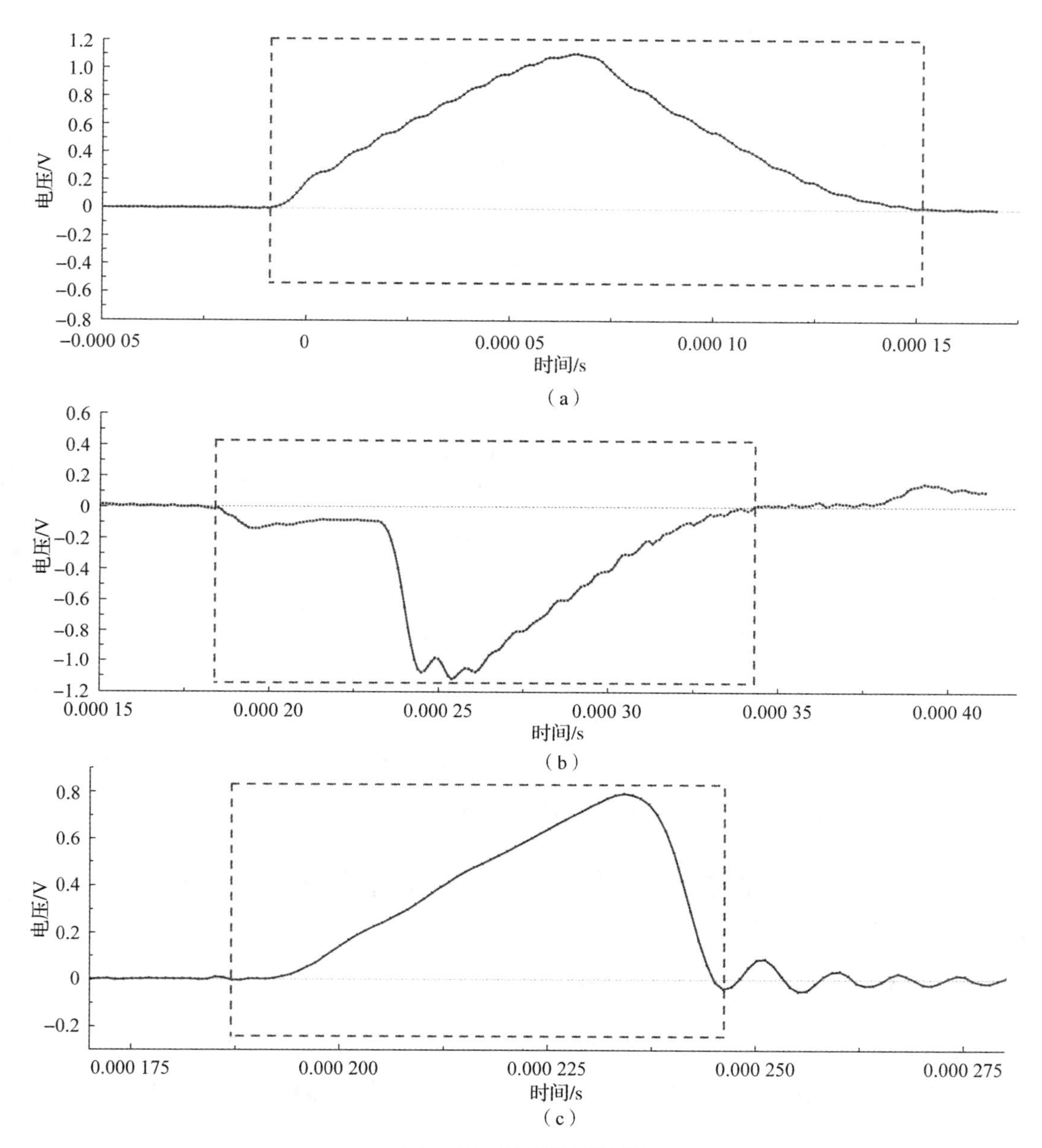

图 2.13　波形选取过程

（a） 入射波；（b） 反射波；（c） 透射波

2.1.6　其他注意事项

（1） 为减小声阻抗失配影响，垫块与加载杆之间应使用与波导杆声阻抗差异较大的材料制作固定连接件，如使用内径与波导杆直径一致的尼龙套筒、内径略小于波导杆直径的硅胶软管等。

（2） 陶瓷等脆性材料对应力集中十分敏感，接触面上的微小凸起就有可能导致

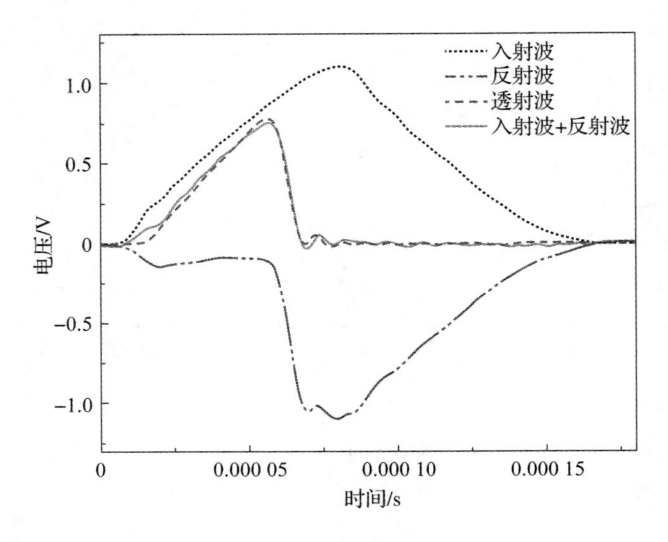

图 2.14　三波重合效果

试样提前失效。在硬质合金垫块使用后，其表面在陶瓷碎片的侵蚀下会产生麻点，为保证数据的重复性，建议垫块单次使用，试验完成后对垫块表面进行打磨后方可再次使用。

（3）陶瓷等脆性材料对约束较为敏感，试验时应尽量避免加载杆（或垫块）与试样接触端面的变形凹陷，即垫块材料的高刚度要求；同时，为降低摩擦力影响，应保证试样端面与加载杆（或垫块）端面的光滑，润滑脂涂抹时应保证薄而均匀。

2.2　多孔材料动态压缩测试

2.2.1　阻抗匹配与透射波信号放大

多孔材料包括泡沫金属等无序多孔材料和点阵材料等有序多孔材料。由于多孔材料具有极高的孔隙度，密度、模量和强度远低于相应实体材料，因而具有较低的波阻抗。

如果使用由高阻抗材质（如钢）制作的波导杆对多孔材料进行动态力学性能测试，透射波信号强度会十分微弱，甚至与仪器设备或环境因素造成的噪声信号强度相当，此时应变片输出电信号的信噪比极低，转化成应力－应变曲线的误差极大。为了尽可能得到准确的应力－应变曲线，首先应当使用低阻抗材质制作的波导杆搭建霍普金森杆系统。常见的用于多孔材料动态力学性能测试的波导杆材质包括铝、尼龙、PMMA（聚甲基丙烯酸甲酯）等。通过降低波导杆的波阻抗，与多孔材料实现更良好的阻抗匹配，能够使透射杆中产生更强的应变信号，提高信噪比。还可以通过将波导杆加工为空心杆、降低横截面积的方法来实现与多孔材料试件的阻抗匹配。

为了解决透射波微弱的问题，除了尽可能改善设备状态（减少噪声信号）、使用波阻抗更低的波导杆（如尼龙杆）外，还可以考虑在透射杆上使用半导体应变片测量动态应变。半导体应变片相比普通电阻式应变片具有更高的放大系数，常用于多孔材料、软材料的动态力学性能测试。半导体应变片对环境温度、外部载荷条件较为敏感。表 2.2 比较了金属应变片与半导体应变片应用特性的区别[2]。表 2.3 通过文献［3］数据展示了温度、载荷条件对半导体应变片阻值和放大系数的影响。

表 2.2　金属应变片与半导体应变片区别[2]

参数	金属应变片	半导体应变片
测量应变范围	0.1～40 000 με	0.001～3 000 με
放大系数	2.0～4.5	50～200
阻值/Ω	120，350，600，…，5 000	1 000～5 000

表 2.3　半导体应变片参数随环境温度与载荷条件的变化[3]

温度/℃	压缩载荷		拉伸载荷	
	阻值/Ω	放大系数	阻值/Ω	放大系数
9	1 052.14	187.24	1 052.09	146.77
24	999.38	190.16	998.39	142.39
40	956.74	181.65	957.01	142.88
产品标准	1 000±5%	150±5%	1 000±5%	150±5%

从表 2.3 可以看到，随着温度的变化，同一半导体应变片在同种载荷作用下的阻值和放大系数都会发生变化。同时，半导体应变片在拉伸压缩对称性方面有明显缺点，即应变片在拉伸和压缩应变条件下的放大系数会有所差异。为了保证应变信号的准确性，在使用半导体应变片的过程中，应注意环境温度的变化以及压缩与拉伸动态性能测试的区别。由于多孔材料的动态力学性能测试以动态压缩为主，因此应当更多关注半导体应变片在压缩应变下的放大系数。随着测量应变的增加，半导体应变片的线性度会逐渐降低，引起测量误差。但由于多孔材料、软材料强度低，测试过程中应变片基本能够工作在线性区间内，因此不需要考虑非线性问题[4]。但非线性度的存在导致半导体应变片更适用于软材料、多孔材料测试而不适用于强度较高的样品测试。

2.2.2　多孔材料的应力不平衡问题

可以通过一维应力波理论解释多孔材料在动态压缩性能测试时的应力不平衡现

象。在一维应力假设下，如果入射波为矩形强间断波，且多孔材料试件与波导杆横截面积相同，则应力波经过在试件两个端面处的来回反射－透射第 k 次后，定义试件内部应力 σ_k 与上一轮反射－透射后应力 σ_{k-1} 之差与 σ_k 的比值为试件两端面间无量纲应力差 a_k，其计算公式为[5]

$$a_k = \frac{\Delta\sigma_k}{\sigma_k} = \frac{2\beta(1-\beta)^{k-1}}{(1+\beta)^k-(1-\beta)^k} \tag{2.10}$$

$$\beta = \frac{\rho_S C_S}{\rho_B C_B} \tag{2.11}$$

其中，σ_A 为入射杆中入射波波阵面上应力；β 为试件（S）与波导杆（B）的弹性波阻抗比值；ρ 为密度；C 为波速。由图 2.15 可知，随着 β 值降低，试件中应力波需要经过更多次反射－透射才能达到两端应力的基本平衡。在对多孔材料进行动态力学性能测试时，由于其波阻抗较低，入射波传入试件后往往需要经过多次反射－透射才能达到两端面间的应力平衡。

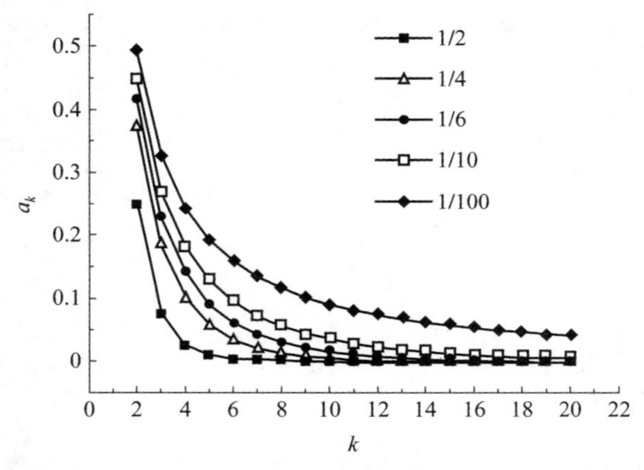

图 2.15　矩形入射波下试件两端应力差 a_k 随阻抗比 β 和反射－透射次数 k 的变化[5]

图 2.16 展示了使用直径为 37 mm 的铝制波导杆搭建的分离式霍普金森杆系统，测试 Octet 构型点阵材料在 300/s 左右应变率下的动态压缩测试波形图。在有关点阵材料动态压缩性能的相关文献中，研究者常常通过入射波与反射波的叠加波和透射波基本重合，即“三波重合”现象证明压缩过程中试件两端应力平衡[6,7]。该方法在应用中的主要问题在于，由于透射波信号幅度相比入射波十分微弱，即便试件两端出现明显的应力不平衡，入射波和反射波的叠加波与透射波的分离幅度也可能不及横向惯性效应等其他因素导致的波形振荡幅度，并且应力不平衡往往出现在试件初始压缩阶段，这正是入射波与反射波容易出现振荡的阶段。对入射波和反射波的采样点选取稍有变动，二者叠加波就可能出现明显的振荡。因此，在验证试件两端应力平衡时，应当注意入射波与反射波的初始点选取，并通过波形整形技术尽可能消除入射波与反射波的振荡现象。

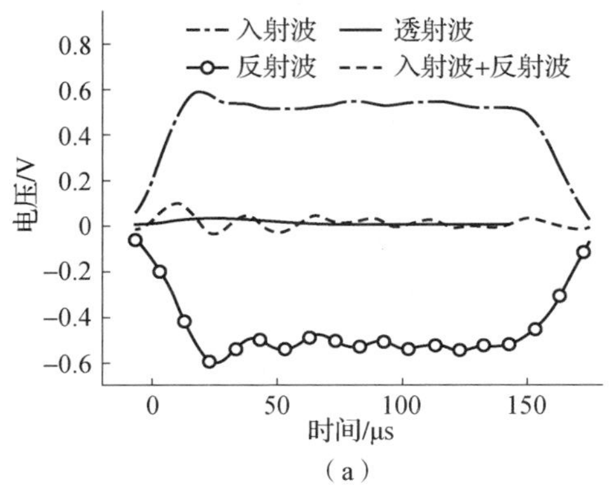

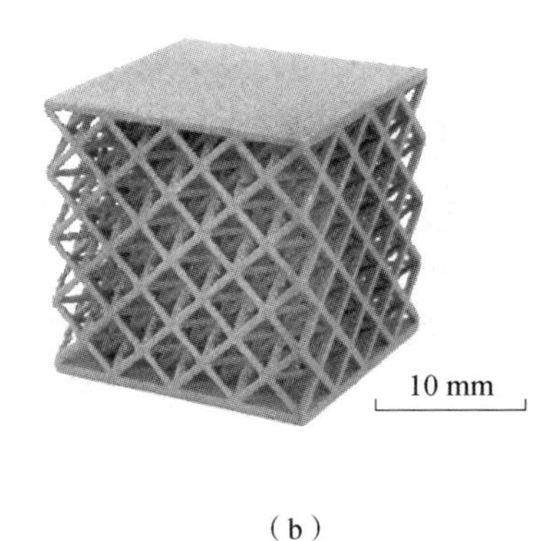

（a）　　（b）

图 2.16　Octet 构型点阵材料动态压缩测试波形图

（a）电压信号波形图；（b）点阵材料示意图

在较高的应变率下，应该着重考虑应力不平衡对测试结果的影响。通常的方法是通过整形技术将入射波从矩形波调制为梯形波。但该方法的效果是有限度的，即当应变率足够高时，无论入射波调制得如何平缓，都无法在多孔材料发生明显塑性变形甚至局部破坏前实现试样两端应力平衡，只能通过减小多孔材料试件厚度来缩短应力波在试件两端间的传播距离，从而提前达到应力平衡。然而，多孔材料试件厚度过小时（试件厚度接近单胞尺寸）横向惯性效应显著，无法满足计算应力－应变曲线时的一维应力假设，并且试件本身的力学响应又会明显受到局部细观结构的影响，已无法代表多孔材料的宏观力学性能。总的来说，由于常见多孔材料（泡沫铝、点阵材料）的单胞尺寸一般在毫米至厘米尺度，只有在准静态载荷或低速冲击载荷下可以视作宏观材料进行力学性能测试，并使用宏观本构模型对其应力应变关系进行表述。而当受到高速冲击载荷作用时，多孔材料不应被视作宏观材料，而应更多关注其细观结构引起的结构力学响应。

2.3　高低温动态压缩测试技术

2.3.1　波导杆自动组装系统

传统分离式霍普金森杆在测试时由人工装样组装，效率较低。采用人工推动压杆夹紧试件，容易造成测试样品与加载杆件接触不紧密，影响实验结果。在进行高温或者低温条件件下的动态压缩实验时，人工组装容易导致试样温度损失严重，影响实验精度，导致实验失败。

采用机械装置实现加载杆件自动组装是解决上述问题的有效途径，现阶段公布的波导杆自动组装装置的基本原理是将入射杆和透射杆作为气缸推杆，利用气缸活塞运动推动加载杆件运动，从而达到自动对中的目的。但在动态加载过程中，应力波传播速度远大于气缸活塞运动速度，撞击杆与入射杆碰撞产生的应力波将直接作用于气缸活塞之上，在大载荷、高应变率环境下，气缸的寿命将大大缩短，不利于设备的长时间运转。

为克服已有技术中的不足，设计完成了波导杆自动组装系统（授权专利号：202011044464.4），可用于 SHPB 试验过程中加载杆的自动组装，性能稳定，结构简单，成本低廉，可针对传统分离式霍普金森压杆进行升级改造。本装置配合高低温环境箱可完成材料在不同温度下的动态性能表征，大大降低试样装填过程中的温度损失，提高实验精度和效率。

1. 波导杆自动组装系统的结构组成

波导杆自动组装系统主要由吸收杆牵引部分和试样预紧部分组成，通过测试软件控制，可实现测试加载于数据采集的过程联动，整体结构如图 2.17 所示。

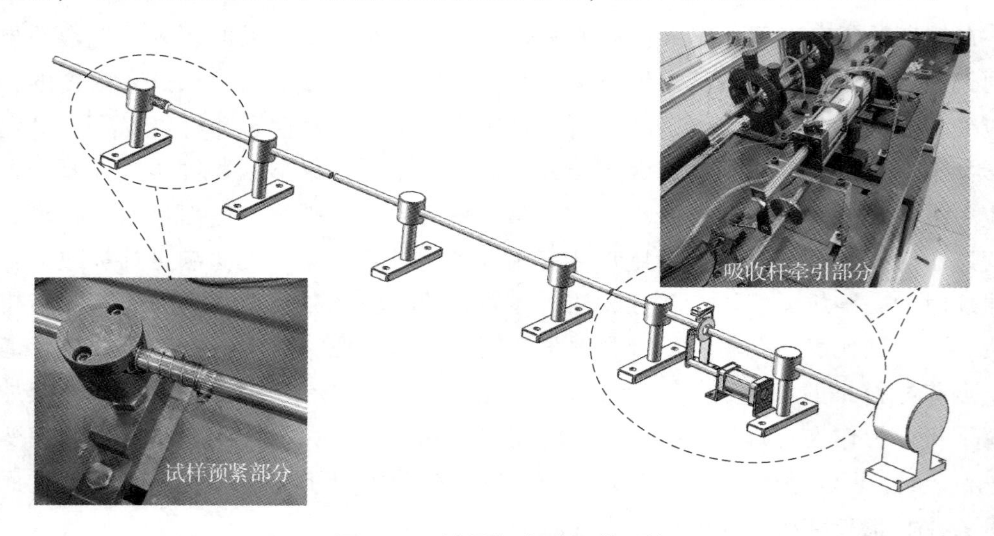

图 2.17　波导杆自动组装系统

吸收杆牵引部分包含气动推杆、牵引片、牵引法兰、磁铁及行程开关，具体结构如图 2.18 所示。气动推杆沿加载杆排列方向布置，其行程根据加载杆组装距离设定；牵引片为一条形薄片，在其一端设有安装孔，用于与推杆前端连接，另一端固定有磁铁，其空间位置位于牵引法兰前方，可配合牵引法兰实现吸收杆的捕捉与牵引；牵引法兰为带有凸台的圆盘状金属片，具有良好的导磁性，中间开有通孔，凸台侧面设有螺纹孔，使用时将其套在吸收杆的指定位置并使用顶丝固定；行程开关通过支架安装于操作平台上，其空间位置位于牵引法兰前方。

测试样品预紧部分包括预紧弹簧和金属卡箍，预紧弹簧为一内径稍大于加载杆直径的压缩弹簧，将其套在入射杆指定位置，前端与入射杆支架贴合，后端通过金属卡箍固定，用于限定入射杆位置并给试样提供预紧力，具体结构如图 2.19 所示。

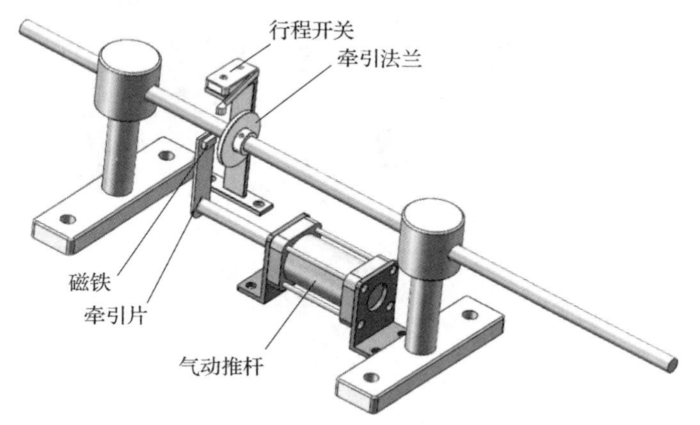

图 2.18　吸收杆牵引部分

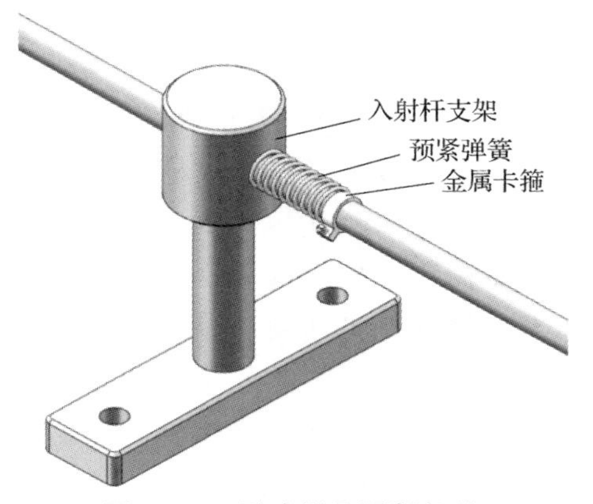

图 2.19　测试样品预紧部分

2. 波导杆自动组装系统工作原理

波导杆自动组装系统与原霍普金森压杆撞击杆发射系统连接，由电脑软件控制。实验开始时，单击发射撞击杆按钮，波导杆自动组装系统启动，此时气动推杆缩回，带动牵引片向后运动，牵引片上的磁铁与吸收杆上的牵引法兰吸合，完成吸收杆的捕获；随后气动推杆推出，带动吸收杆向前移动，进而推动透射杆、测试样品及入射杆，此时入射杆上的预紧弹簧被压缩，试样被夹紧；当气动推杆使牵引法兰移动至行程开关触发位置内时，形成开关控制电磁阀完成撞击杆发射；测试样品加载完成后，应力波传至吸收杆，使其向后运动，牵引法兰与牵引片脱离，完成一次加载。

吸收杆牵引部分由高压气瓶提供动力，通过气压大小调节气缸动作速度，进气操作由电磁阀控制；气缸推杆行程可调，以适应不同的加载工况。

系统设有自动组装模式与手动对杆模式，可通过模式切换开关（图 2.20）切换，两种模式互不干扰。在非高低温实验中仍可通过手动方式完成实验，此时单击撞击杆发射按钮，波导杆自动组装系统不动作，直接发射撞击杆完成实验。

图 2.20　模式切换开关

2.3.2　高温加热系统

随着科技的进步，工程材料往往需要在高温状态、高应变速率等极端环境服役，因此材料在高温条件下的动态力学性能成为众多科技工作者关注的对象。

现阶段高温动态试验方案主要有三个方向：一是将测试样品在加热炉中加热，待达到预定温度后将测试样品快速转移至波导杆处进行加载，此方法较为粗糙，样品转移过程中的温度损失无法控制，实际测试温度偏差较大，试验精确度不高；二是将波导杆与试样一同加热，完成加载，此方法实现难度较低，但会在波导杆中形成温度梯度，改变波导杆本征参数，测试数据需要修正；三是在加热环境下原位加载，此方法测试效果较好，但测试过程中波导杆会与试样发生冷接触，接触时间过长会导致试样温度场发生变化，影响实验效果，这就需要实现波导杆的快速组装加载，对测试系统要求较高，实现难度较大。

为克服已有技术中的不足，在波导杆自动组装系统的基础上研制了用于 SHPB 试验的高温加热系统（授权专利号：202110021254.1），实现了测试样品的原位加热，同时避免了加载杆温度场的剧烈波动，可获得精度较高的测试结果。

1. 加热系统组成

高温加热系统内部结构如图 2.21 所示，整体分为上箱体、下箱体以及电路控制系统三部分，上箱体通过铰链与下箱体连接，可向上打开，锁扣结构保证了箱体的密闭性。

下箱体内水平设置有陶瓷导轨，导轨通过两对称设置的导轨支架固定在下箱体上，导轨上套设有环形发热体，环形发热体内预埋有热电偶；导轨支架和下箱体上均设有导向孔；试样夹具为中空结构，测试样品固定在试样夹具内，试样夹具沿导轨滑动并可进入环形发热体内；SHPB 中的入射杆和透射杆分别穿过导向孔、试样夹具与测试样品的两端接触且入射杆、透射杆、导向孔和测试样品同轴设置；入射杆和透射杆穿入时与导向孔均无接触。

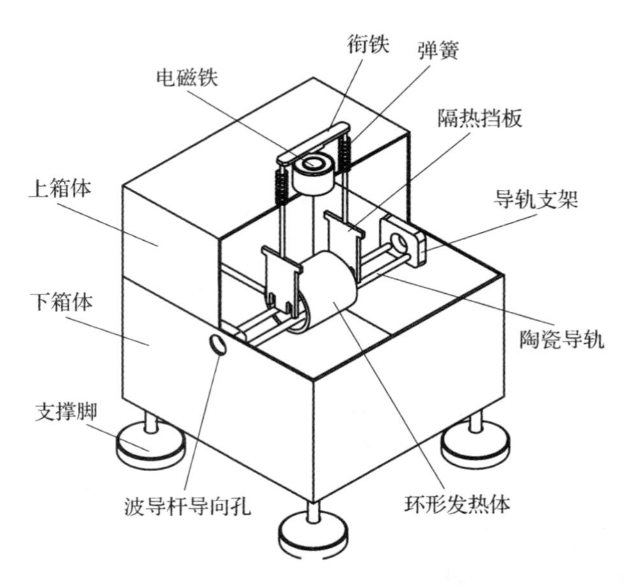

图 2.21　高温热系统内部结构

上箱体上沿竖直方向穿设有金属杆，金属杆位于上箱体内的一端设有隔热挡板，金属杆位于上箱体外的一端设有衔铁，且衔铁与上箱体之间的金属杆上套设有弹簧，上箱体顶部且位于衔铁下方设有电磁铁。

上箱体和下箱体扣合内部形成密闭空间，且上箱体和下箱体内的剩余空间填充有保温材料，环形发热体支撑在下箱体内的保温材料上，环形发热体与试样夹具、导轨均不接触；下箱体底部设有 4 个支撑脚，支撑脚高度可调，用于调整箱体高度与水平度，以便与加载杆形成良好配合。

样品夹具如图 2.22 所示，整体为开窗圆筒结构，夹具两侧开有小孔，待测试样通过热电偶丝或耐高温金属丝固定在夹具内部，保持与夹具内孔通轴心；样品夹具内孔直径略大于加载杆直径，放置在陶瓷导轨上时，内孔与箱体外侧加载杆导向孔同轴，效果如图 2.23 所示。

图 2.22　样品夹具

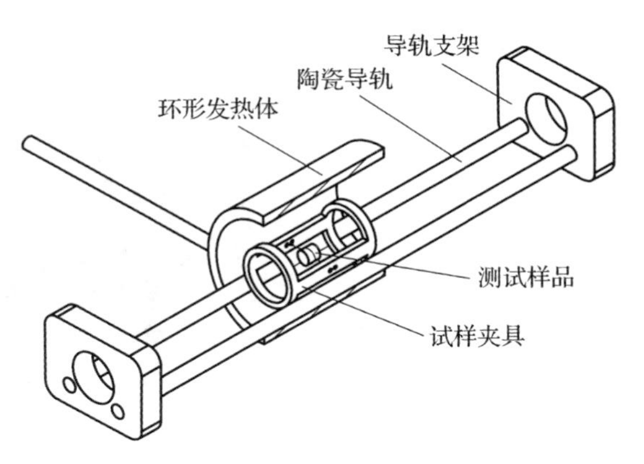

图 2.23　试样加热状态示意图

使用时，将固定有测试样品的试样夹具沿导轨滑动至环形发热体内，控制单元控制电磁铁通电，按压衔铁与电磁铁吸合，金属杆带动隔热挡板向下移动，隔热挡板与导轨配合实现对环形发热体两端的封闭；控制单元同时控制环形发热体进行加热，根据热电偶反馈的温度，当温度达到待测试温度后，控制单元控制环形发热体停止加热，并控制电磁铁断电，衔铁在弹簧的作用下沿上箱体向上移动并由金属杆带动隔热挡板向上移动，打开加载杆通路，加载杆自动组装系统启动后，入射杆和透射杆分别穿过导向孔与测试样品的两端接触完整样品装夹，进而发射撞击杆完成实验。高温加热系统实物照片如图 2. 24 所示。

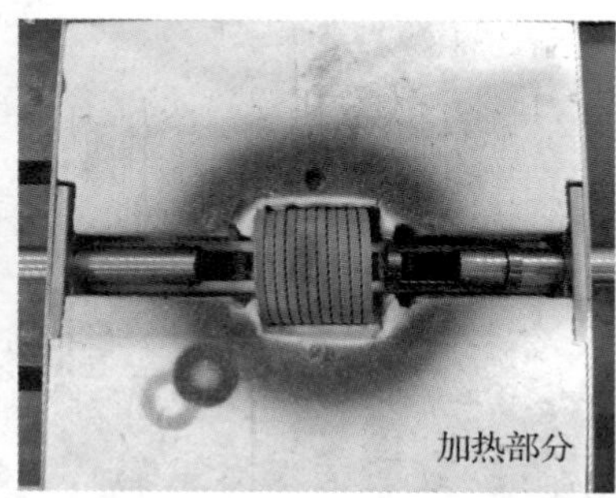

图 2. 24　高温加热系统实物照片

加热系统控制器（图 2. 25）采用双表头设计，可同时使用两路热电偶监测炉体温度，其中一路为发热体内置的热电偶，另一路为外接热电偶，可直接将热电偶绑在试样上，实现直接监测；相应地，发热体有两种控温模式，一种为基于发热体内部热电偶的“内部控温”，另一种为基于外接热电偶的“外部控温”，两种模式通过切换开关切换。控制器表头具备“自整定”及“分段控温”功能，控温准确，操作方便。

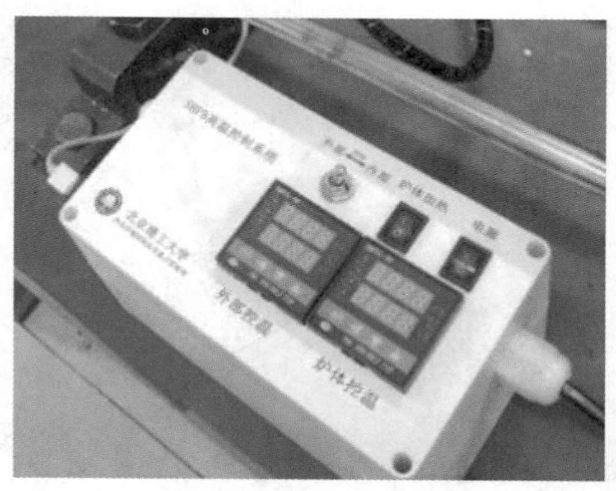

图 2. 25　高温加热系统控制器

高温 SHPB 试验具体流程如下。

（1）用热电偶丝将待测试样固定在样品夹具中，打开上箱体，将样品夹具放置于导轨之上，并将其推入环形发热体内腔，关闭箱体。

（2）设定加热温度及保温时间，打开环形发热体控温开关，同时电磁铁通电开启，将衔铁下压与电磁铁吸合，隔热挡板放下，完成加热腔体闭合。

（3）达到设定温度及保温时间后，关闭环形发热体控温开关，发热体停止加热，同时电磁铁断电消磁，弹簧驱动隔热挡板抬起。

（4）入射杆和透射杆从导向孔进入炉体，当入射杆（或透射杆）进入样品夹具并与待测试样端面接触时，推动试样与样品夹具在导轨内滑动，进而使样品与透射杆（或入射杆）接触夹紧（此过程可配合加载杆自动组装装置，实现快速组装测试）。

（5）发射撞击杆，采集数据，完成一次实验。

2. 高温加热系统功能拓展

在高温 SHPB 测试过程中，试样在高温加热炉中处于高温状态，而加载杆不参与加热，处于室温状态，与测试样品温差较大，当加载杆端面与测试样品接触时，试样端面会出现一定的温度损失，测试温度越高，此现象越明显。试样两端的温度损失会导致试样在加载过程中的不均匀变形，对测试结果由一定影响。

为避免上述情况的出现，可对样品夹具进行改进，如图 2.26 所示，只在单侧开窗，保留圆管底部，形成带垫块样品夹具；将试样固定在带垫块样品夹具内后，在样品两侧各放置一个垫块，垫块直径、材质与波导杆相同；将垫块与试样一同放入发热体中加热，加载时入射杆、透射杆直接与垫块接触，避免了试样的热量损失，由于垫块与波导杆波阻抗相同，且厚度远小于波导杆长度，对实验结果的影响可以忽略。

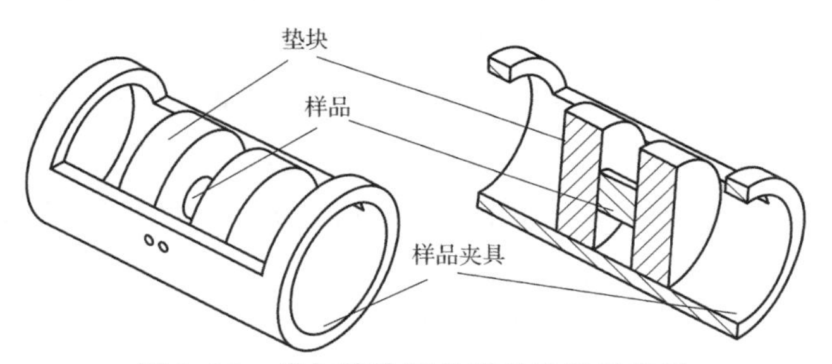

图 2.26　增加垫块后的样品夹具示意图

当测试样品强度较高时，直接使用加载杆进行加载会对加载杆端面造成损伤，且测试结果不准确。在此情况下，也可使用此结构的样品夹具完成试样加载，值得注意的是，垫块应使用能在高温下保持较高强度的材料，同时需与加载杆的声阻抗匹配。

动态巴西圆盘测试也是分离式霍普金森压杆可以完成的实验之一，而巴西圆盘试样尺寸较大，上述夹具已经不能满足实验需求，为此给出图 2.27 所示夹具，用以实现巴西圆盘的高温动态加载。巴西圆盘样品夹具在圆管对称位置开两个矩形通孔，通孔长度与巴西圆盘试样直径相同，通孔宽度与巴西圆盘试样厚度相同；将巴西圆盘试样由方孔放入夹具中央，向轴线方向偏移贴紧，实现试样的固定。实验过程与上述夹具相同。

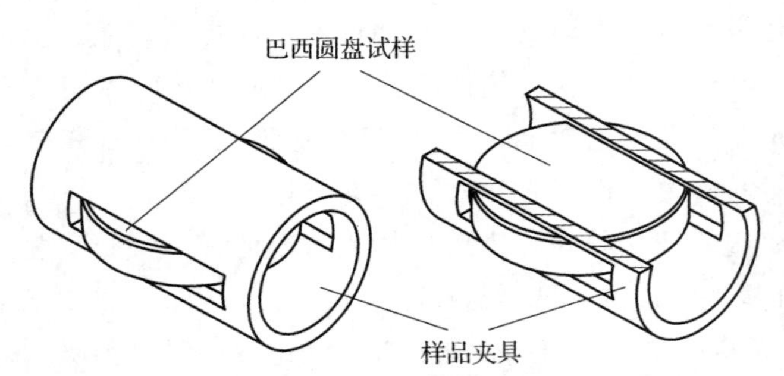

图 2.27　巴西圆盘试样夹具示意图

2.3.3　低温测试系统

与材料的高温动态力学性能相同，材料在低温环境下的高应变率状态服役能力也是众多科技工作者关注的对象。现阶段低温动态试验方案主要有两个方向：一是将测试样品预先放置于低温环境箱内冷却保温，实验时将样品取出，在短时间内完成样品安装和测试加载。此方法对设备要求较低，但受环境温度及实验员操作熟练程度影响，样品温度损失较为严重，实验精度较差。二是在加载位置布置冷却装置，实现测试样品的原位降温，以保证测试精度，为现阶段主流实验方法。

通常情况下，为得到一组有效数据，需在相同条件下重复实验 3～5 次，而低温实验降温、均温时间较长，原位冷却装置在不开门及重新装样条件下，只能实现单个试样的降温与测试；同时，更换试样时环境箱箱门大开，会造成环境箱温度的剧烈波动，重新达到实验温度使能耗增加，造成实验效率低下。

针对上述问题，研发制造了一种可实现封闭条件下多个试样同时降温、顺序加载的高效率低温 SHPB 测试系统（授权专利号：202110685285.7），以提高实验效率，降低能源消耗。

1. 系统组成

低温环境箱由箱体、样品传送装置、样品夹具、制冷系统连接管路和温控器组成，整体结构示意图如图 2.28 所示。

箱体的顶部设有样品安装窗口，箱体的侧面对称设有第一波导杆导向孔，第一波导杆导向孔的孔径大于分离式霍普金森压杆的波导杆直径，箱体内分为前室和后室两个空间，前室设有箱门，箱门的下端开有样品取出窗口；样品传送装置设置在箱体的前室内且位于样品安装窗口的下方，样品传送装置具有容纳一个以上自下而上依次排布的样品夹具的传送通道；样品传送装置依次将位于下方的样品夹具经样品安装窗口垂直传送至与波导杆导向孔同轴的位置处进行 SHPB 测试，测试结束后再将样品夹具传送至样品取出窗口；温控器安装在箱体的后室内，用于监测箱体内的温度；制冷系统连接管路的一端与外部制冷系统连接，另一端经箱体的后室通入前室。

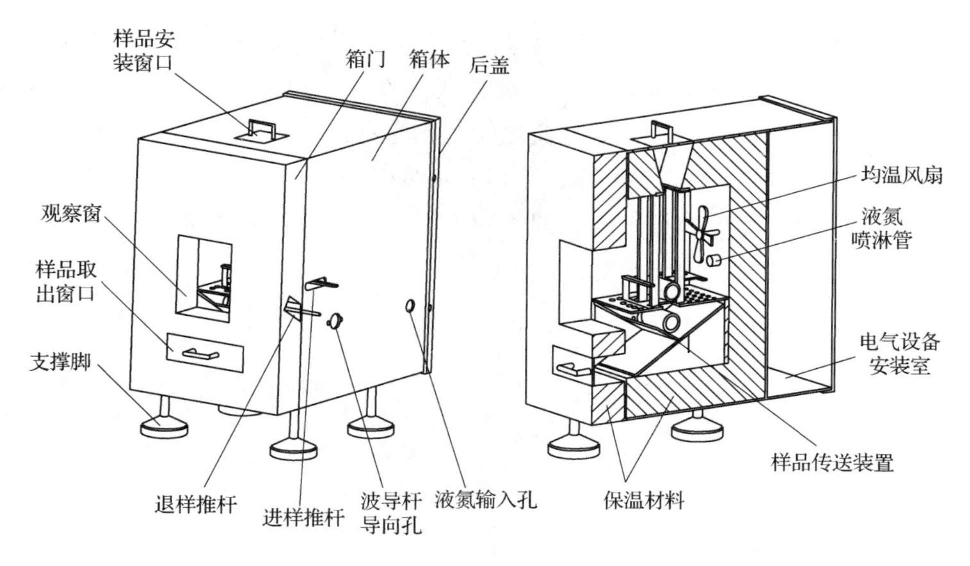

图 2.28　低温环境箱内部结构示意图

使用时，将一个已经装夹试样的样品夹具依次经箱体上的样品安装窗口放入样品传送装置中，多个样品夹具在样品传送装置内自上而下依次排布，开启外部制冷系统对箱体的内部进行降温，通过温控器监测达到测试温度后，样品传送装置将最下方的样品夹具传送至与第一波导杆导向孔同轴的位置处，沿第一波导杆导向孔加载波导杆，进行 SHPB 测试，测试结果后，样品传送装置将样品夹具传送样品取出窗口，且样品传送装置再次对最下方的样品夹具进行传送，依次完成对每个样品夹具中试样的测试。

样品传送装置由样品存储器、拨叉、样品夹具以及底盒组成，具体结构如图 2.29所示。

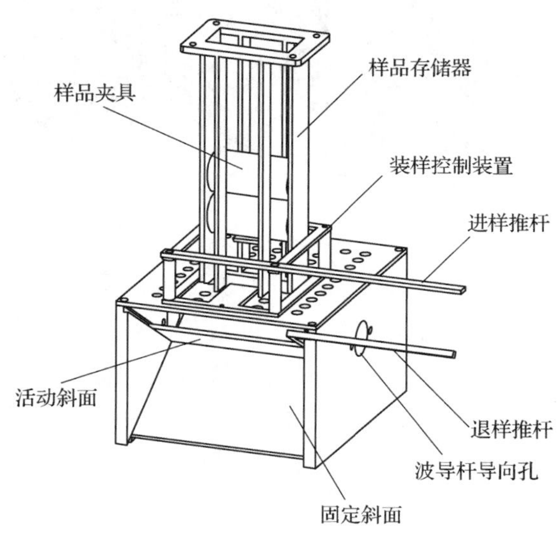

图 2.29　样品传送装置

箱体的底部设有支撑脚，用于环境箱高度和水平度的调节；箱体的前室内设有均温风扇；箱门在样品取出窗口的上方设有观察窗口，观察窗口为耐 SHPB 测试低温的双层透明材料窗，双层透明材料窗之间为真空状态。

样品夹具内部结构如图 2.30 所示，其主体结构为一金属圆管，圆管内径略大于波导杆直径，以便波导杆顺利进入；圆管内部设有低强度支撑材料，可将试样固定在圆管内部，并与之处于同一轴线。

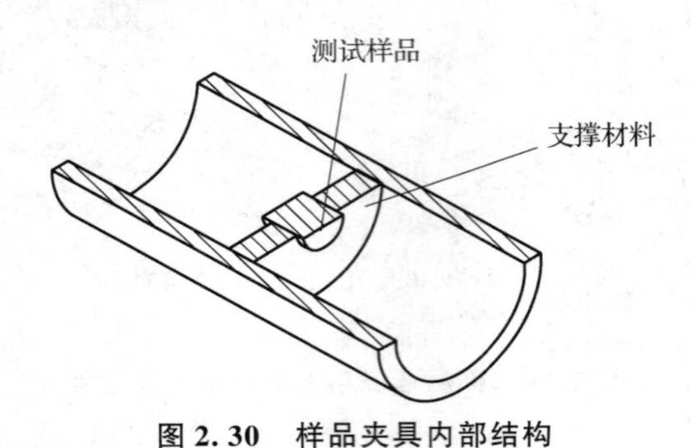

图 2.30　样品夹具内部结构

温度控制系统由热电偶、控温仪表、均温风扇、液氮喷淋管、液氮管道电磁阀、自增压式液氮罐等组成，通过箱体内的热电偶实时监测试样温度，控温仪表控制电磁阀间歇工作，将液氮经由喷淋管导入箱体，并通过均温风扇使其均匀雾化，实现箱体内的冷气循环和均匀降温。

低温环境箱实物照片如图 2.31 所示。

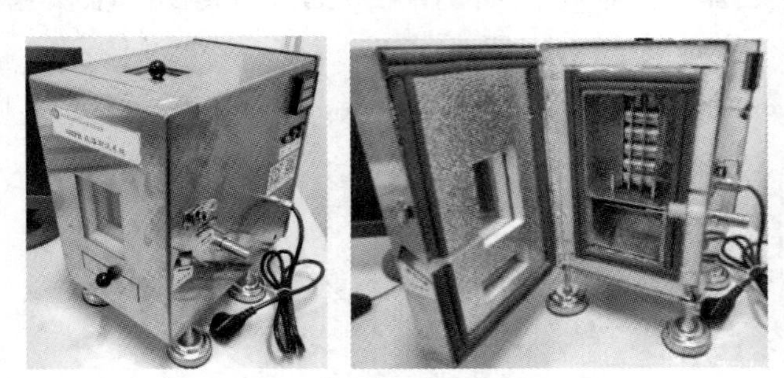

图 2.31　低温环境箱实物照片

2. 工作原理及实验过程

低温环境箱主要由两大功能结构构成，即温度控制系统和样品传送机构。温度控制系统中，通过控温仪表设置实验温度，仪表控制液氮电磁阀间歇工作，对环境箱内试样进行降温；通过环境箱内的 T 型热电偶对试样温度实时采集，热电偶位置设在样品存储器底部，获取温度为试样测试前的最终温度。

样品传送装置工作原理如图 2.32 所示，通过控制拨叉的前后移动，可实现样品夹具的依次下落。

当样品夹具装入样品存储器后，堆积在拨叉挡板上方，向后推动拨叉，位于最

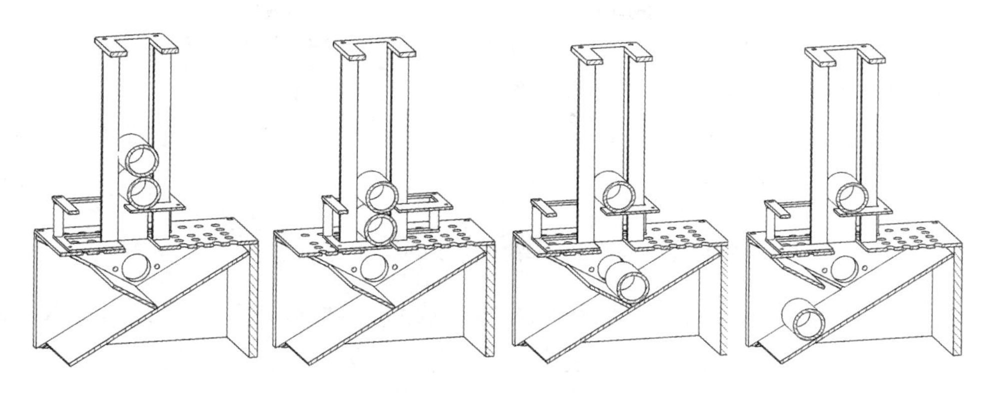

图 2. 32　样品传送装置工作原理

下方的样品夹具落入拨叉两挡板之间；然后向前拉动拨叉，最下方的样品夹具通过底盒顶部的方孔落入 V 形槽中，剩余样品夹具由拨叉上挡板封闭在样品存储器之中；当波导杆由波导杆导向孔进入样品夹具中完成试样加载并退出后，向斜上方提起底盒中的活动挡板，样品夹具沿固定斜面离开底盒。重复上述操作，可实现试样的依次装载和回收。

通过低温环境箱实现的低温动态压缩测试，试验过程如下。

（1）将待测样品安装至样品夹具，将一组样品夹具经由低温环境箱样品安装窗口投放至样品存储器之中。

（2）通过控温仪表设置实验温度，开启自增压式液氮罐阀门和环境箱均温风扇，开始降温。

（3）环境箱达到设定温度且保温结束后，推拉进样推杆，使一个样品夹具落入样品传送装置底盒之中。

（4）调整入射杆和透射杆，经由波导杆导向孔进入环境箱夹紧试样，完成测试系统的组装，开启数据采集软件并发射撞击杆，完成一次测试。

（5）波导杆退出环境箱，拉动退样推杆，测试完成后的样品夹具及样品从固定斜面滚落，打开样品取出窗口回收试样。

（6）重复步骤（3）~（5），完成多个试样的测试。

2. 4　动态压缩测试单次加载问题

传统分离式霍普金森压杆在实验过程中，入射杆中向右的压缩波完成一次加载后反射形成向左传播的拉伸波，经过自由端面的再次反射，会形成向右传播的二次压缩波，如此循环往复，直至波导杆中的能量消耗完毕。在整个动态压缩过程中，试样在离开加载杆之前，通常会经过两次以上的加载（脆性较大的材料在一次加载后便完全破碎，故不存在二次加载问题），因此回收的样品与采集获得的应力 - 应变曲线之间并不存在良好的对应关系；同时，多次加载改变了一次加载断口的形貌特征，给材料的后续分析增加了难度。

通过设计改进传统的霍普金森压杆，可实现单次加载，现有报道主要提及 S. Nemat – Nasser 和 W. Chen 两种单脉冲加载方法。

2.4.1 S. Nemat – Nasser 单脉冲加载方法

图 2.33 为根据动量陷阱原理设计的动态压缩单次加载试验装置，由 S. Nemat – Nasser 在 1991 年提出[8]，基于传统分离式霍普金森压杆，在入射杆前设有法兰，用于限制入射杆位移，通过法兰、套筒、质量块之间的配合，实现单次加载。其中，套筒和质量块的材质与加载杆系材质相同，套筒长度与撞击杆长度相同，内径与加载杆直径相等，截面积等于加载杆系截面积；入射杆前端法兰截面积为加载杆系截面积的 2 倍，厚度远小于加载杆长度；质量块重量远大于整个测试系统总重量。

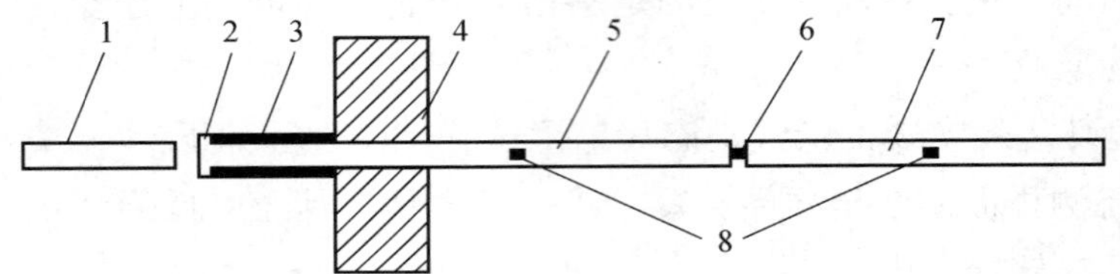

图 2.33 S. Nemat – Nasser 单脉冲加载装置示意图

1—撞击杆；2—法兰；3—套筒；4—质量块；5—入射杆；
6—试样；7—透射杆；8—应变片

当撞击杆以速度 v_0 撞击法兰时，由接触面质点速度方程和轴向动量守恒可得，入射杆套筒中的指点速度均为 $v_0/3$。在入射杆和套筒中都会产生压缩波。入射杆中的压缩波传到试样端面对试样进行加载，而套筒中的压缩波传播到反射质量块端面会反射一个压缩波，与从撞击杆自由面反射的拉伸波同时到达法兰与套筒的交界面，撞击杆开始回弹。由于套筒和入射杆横截面积相同、材料相同，传递法兰被套筒加载一个等幅度的拉伸波，于是向入射杆中传进一个紧随压缩波的拉伸波，图 2.34（b）是典型入射波形。

由于套筒的存在，法兰盘所承受的拉伸应力数值等于入射压缩应力的值，若撞击杆撞击速度较高，需要容易将法兰盘与杆的连接处拉断（如它和杆是一体的，可能在连接处剪断，如由螺丝连接，则可能将螺丝拉断）。1997 年，S. Nemat – Nasser[10] 又在原实验基础上做了部分改进，在套筒和传递法兰间预置一个间隙，当撞击杆撞击入射杆时，在入射杆产生的变形量正好等于预设间隙。这时，传递法兰与入射管紧密接触。通常的霍普金森压杆的二次加载是由于反射拉伸波在入射杆的撞击端反射形成的压缩波（此时撞击杆已经与入射杆分离），而在此装置中，反射拉伸波被套筒完全吸收。

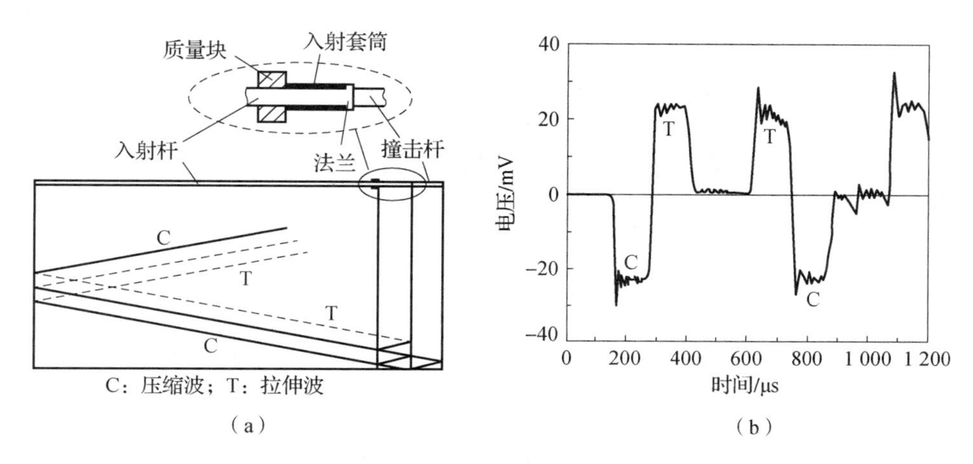

图 2.34　S. Nemat – Nasser 单脉冲加载技术原理及典型入射波形[9]

(a) 技术原理；(b) 典型入射波形

2.4.2　W. Chen 单脉冲加载方法

在 S. Nemat – Nasser 方案的改进设计中，入射管已经不是必需的了，W. Chen 给出了更简单的设计[2]，如图 2.35 所示。

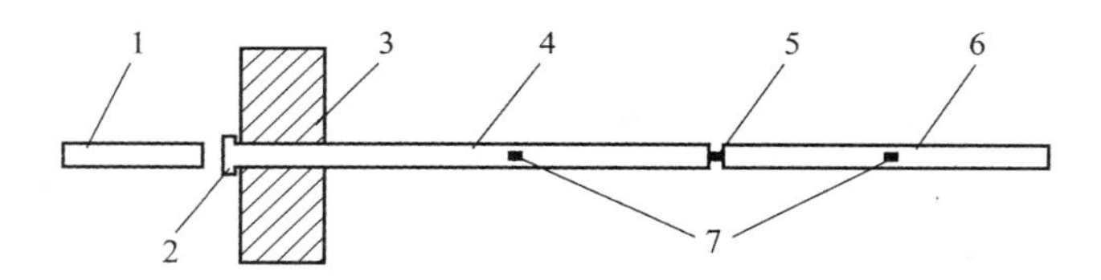

图 2.35　W. Chen 单脉冲加载装置示意图

1—撞击杆；2—法兰；3—质量块；4—入射杆；5—试样；6—透射杆；7—应变片

当反射拉伸波到达法兰时，由于质量块的限制，相对于拉伸波是一个固壁界面，反射一个拉伸波，不会再对试样有压缩波加载，从而实现了单脉冲加载。波系分析如图 2.36 (a) 所示。入射杆应变片所测的典型入射波形如图 2.36 (b) 所示。由图 2.36 可以看到，反射拉伸波传到法兰处反射回去的还是拉伸波，因此基本不会再对试样有压缩波加载。

在此技术中，法兰与质量块之间的预留间隙设置是一个关键环节，见图 2.35。

根据 W. Chen 单脉冲加载原理，当入射杆中的反射拉伸波到达法兰端面时，预留间隙正好闭合，即预留间隙大小为撞击结束后入射杆法兰端的位移。设撞击杆长度为 l_0，撞击速度为 v_0，则碰撞完成后入射杆中的质点速度为 $v = v_0/2$，由于入射波宽度为 $t = 2l_0/C_0$，故预留间隙大小为

$$\Delta l = vt = l_0 v_0 / C_0 \tag{2.12}$$

如果需要在入射杆端面设置波形整形器，则应采用实验标定预留间隙。在没有

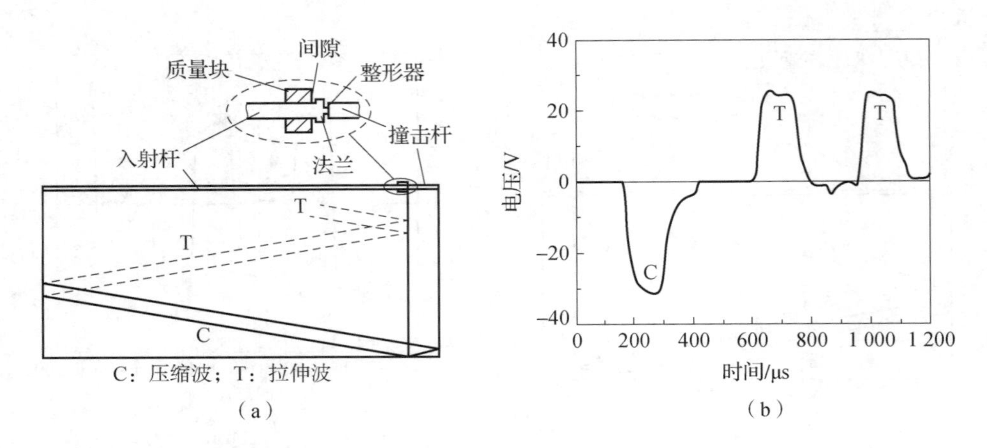

图 2.36　W. Chen 单脉冲加载技术原理及典型入射波形[9]

(a) 技术原理；(b) 典型入射波形

质量块的条件下，撞击杆以速度 v_0 撞击入射杆，通过应变片采集入射杆单次加载的应变 ε_i，进而计算获得入射杆的位移（其中 T 为加载脉冲宽度）：

$$\Delta l = \int_0^T \varepsilon_i C_0 \mathrm{d}t \tag{2.13}$$

陈荣等[9]通过控制预留间隙大小，研究了不同预留间隙对实验结果的影响，如图 2.37 所示。当预留间隙小于理论值 10% 时（2.7 mm），对实验结果的影响不大，但随着预留间隙的进一步减小，入射波的波尾会被质量块“吃掉”一部分，使得入射波形不完整，但不会对试样进行二次加载，如图 2.37（a）所示；当预留间隙大于理论值时，出现部分二次反射压缩波对试样进行加载，随着预留间隙的增加，二次加载程度逐渐增加，如图 2.37（b）所示。

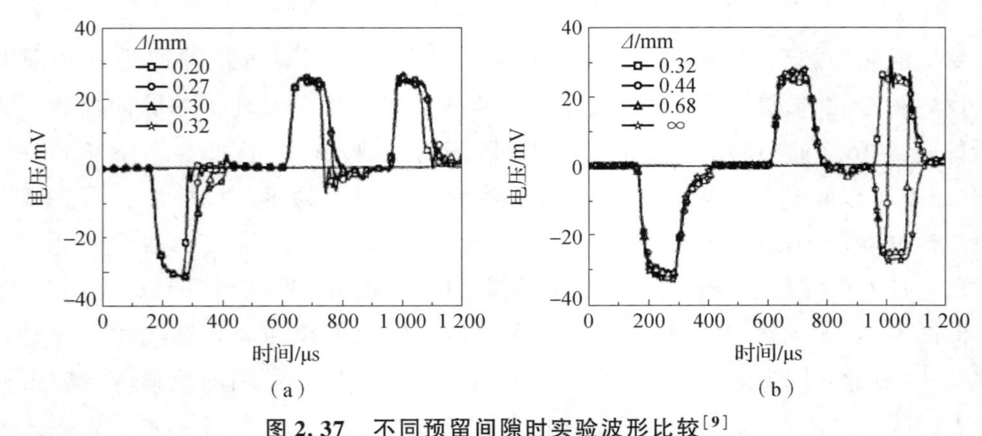

图 2.37　不同预留间隙时实验波形比较[9]

(a) 预留间隙小于理论值；(b) 预留间隙大于理论值

通常情况下，预留间隙尺寸在小于理论值 10% 范围内较为合适，预留间隙尺寸可通过塞尺调整。

2.5　动态压缩准原位测试

由于材料动态变形和失效的过程极短（塑性金属材料加载约为 80 μs），到目前为止还没有一种有效的实验手段来连续观察并记录材料的组织变形过程。采用霍普金森系统和限位装置的方法，可以使待测试样在动态压缩时获得规定的应变量，即实现应变“冻结”，最终通过一系列限位描述一个完整加载过程的宏观力学响应，结合观察一系列应变“冻结”的待测试样的微观组织来记录待测材料动态变形及失效过程中显微组织变化的全过程。

通过一系列限位环保护试验，得到一系列载荷持续时间及应变量，其中每个试样保存了其所代表的中间过程的应力、应变、微结构等信息，通过对回收试样的微观分析，揭示材料动态变形过程中微结构变化与力学响应之间的关系[11]。

本节以 TC6 钛合金的动态压缩准原位测试为例来介绍[11]。采用分离式霍普金森压杆技术和限位装置对 TC6 钛合金进行动态压缩试验，使用光学显微镜、扫描电子显微镜分析 TC6 钛合金变形到不同应变量时所产生绝热剪切带的微观形貌，研究 TC6 钛合金试样动态变形过程中微结构变化与宏观力学响应之间的对应关系。

在动态压缩过程中，为了获取圆柱试样（直径 5 mm，高度 5 mm）变形过程中的不同阶段，准备了不同高度的限位环。限位环采用 10 种高度（3.5～4.5 mm，每种高度相差 0.1 mm），为保证试样径向变形过程中不受限位环的约束，限位环的内径比试样的直径（5 mm）大 1 mm，外径与加载杆的直径相等。为保证各阶段加载时应力－应变曲线的一致性和对分析剪切带萌生及扩展的可行性，采用统一的初始加载气压为 6 个大气压。

图 2.38 是材料在系列限位条件下的一组动态压缩应力－应变曲线，图中黑色（对应 3.5 mm 高度限位环）是完整加载过程的应力－应变曲线，其他曲线分别反映了不同加载阶段所对应的应力－应变曲线。从图中可看出，各阶段反映的应力－应变曲线与黑色曲线吻合较好，所以对各阶段力学响应曲线及该阶段相对应微观组织特征的分析，可反映出整个完整加载过程中各阶段应力－应变关系及微观组织的变化[11]。

采用扫描电镜对不同高度限位环动态压缩后的钛合金试样进行微观形貌分析。结果表明，当限位环高度为 4.3～4.5 mm 时，试样中无绝热剪切带产生；当限位环高度为 4.2 mm 时，试样中产生了 113 μm 的剪切带［图 2.39（a）］；当限位环高度为 4.1 mm 时，剪切带长度是 762 μm［图 2.39（b）］；当限位环高度为 4.0 mm 时，剪切带长度是 1 241 μm［图 2.39（c）］；当限位环高度为 3.8 mm 和 3.7 mm 时，试样中与轴向呈 45°方向上产生了贯穿的绝热剪切带和几乎贯穿整条对角线的裂纹[11]。

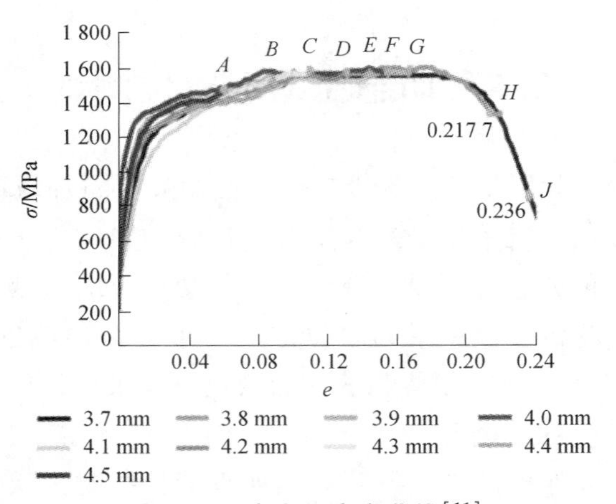

图 2.38　应力 – 应变曲线[11]

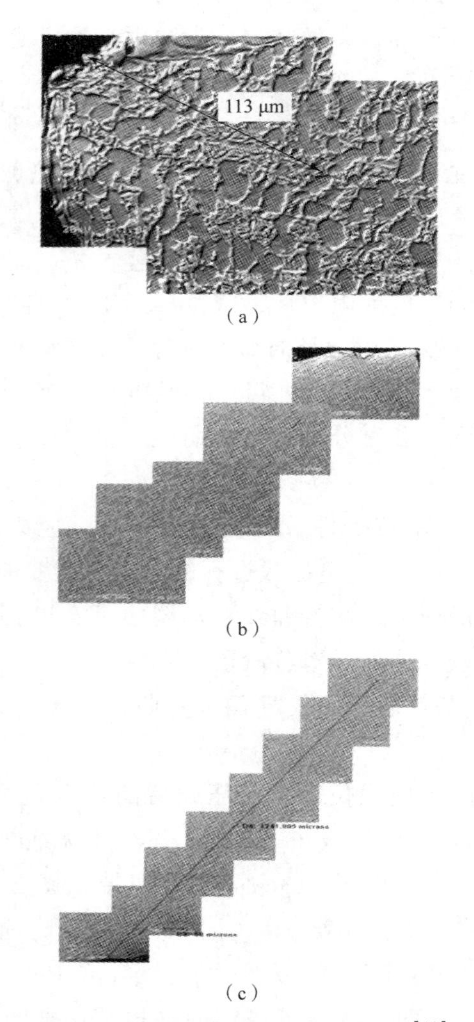

图 2.39　各应变量下的剪切带形貌[11]

(a) $\varepsilon=0.1325$；(b) $\varepsilon=0.1456$；(c) $\varepsilon=0.1537$

通过霍普金森压杆结合限位控制应变的方法，能实现 TC6 钛合金的动态压缩准原位测试，成功描述 TC6 钛合金从变形开始到断裂整个连续过程中的力学响应变化特征以及整个变形过程中不同变形阶段的微结构变化特征，表明剪切带的形成是一个萌生、扩展直至贯穿整个试样的过程，为建立合金试样动态变形过程中微结构变化与宏观力学响应之间的对应关系提供新方法。

参考文献

[1] PAN Y, CHEN W, SONG B. Upper limit of constant strain rates in a split Hopkinson pressure bar experiment with elastic specimens [J]. Experimental mechanics, 2005, 45 (5): 440 - 446.

[2] KESTER W. Strain, force, pressure and flow measurements [M]//JUNG W. Op amp applications handbook. Burlington: Newnes, 2005: 247 - 256.

[3] MIAO Y, GOU X, SHEIKH M Z. A technique for in - situ calibration of semiconductor strain gauges used in Hopkinson bar tests [J]. Experimental techniques, 2018, 42 (6): 623 - 629.

[4] 薛本源．弹道明胶力学性能测试 [D]．南京：南京理工大学，2018.

[5] 王礼立．应力波基础 [M]．北京：国防工业出版社，2005：39 - 60.

[6] CAO X, XIAO D, LI Y, et al. Dynamic compressive behavior of a modified additively manufactured rhombic dodecahedron 316L stainless steel lattice structure [J]. Thin - walled structures, 2020, 148: 106586.

[7] XIAO L, SONG W. Additively - manufactured functionally graded Ti - 6Al - 4V lattice structures with high strength under static and dynamic loading: experiments [J]. International journal of impact engineering, 2018, 111: 255 - 272.

[8] NEMAT - NASSER S, ISAACS J B, STARRETT J E. Hopkinson techniques for dynamic recovery experiments [J]. Proceedings of the Royal Society A: mathematical, physical and engineering sciences, 1991, 435 (1894): 371 - 391.

[9] 陈荣，卢芳云，林玉亮，等．单脉冲加载的 Hopkinson 压杆实验中预留缝隙确定方法的研究 [J]．高压物理学报，2008 (2)：187 - 191.

[10] NEMAT - NASSER S, ISAACS J B. Direct measurement of isothermal flow stress of metals at elevated temperatures and high strain rates with application to Ta and Ta - W alloys [J]. Acta materialia, 1997, 45 (3): 907 - 919.

[11] 孙坤，颜茜，向文丽，等．TC6 钛合金剪切带临界应变及其扩展速度的实验测定 [J]．云南大学学报（自然科学版），2017，39 (4)：579 - 583.

第 3 章

材料动态拉伸测试技术

基于霍普金森原理，除了可以进行高应变率压缩加载，还可以进行材料的高应变率拉伸测试。相较于霍普金森压杆，霍普金森拉杆的结构相对复杂，测试过程中的干扰因素更多，本章针对典型霍普金森拉杆，介绍了动态拉伸测试过程中的常见问题，并给出了部分实验示例。

3.1 霍普金森拉杆的结构组成

典型的霍普金森拉杆结构如图 3.1 所示。高压气体推动套在入射杆上的撞击套管撞击传递法兰，在法兰中产生一个向左传播的压缩波，压缩波传递至法兰自由端面时发生反射，在入射杆中形成一个向右传播的拉伸波，进而完成试样的拉伸加载，通过入射杆和透射杆上的应变获取加载过程中的入射波、反射波和透射波，进而计算出材料的应力 – 应变曲线和加载应变率。

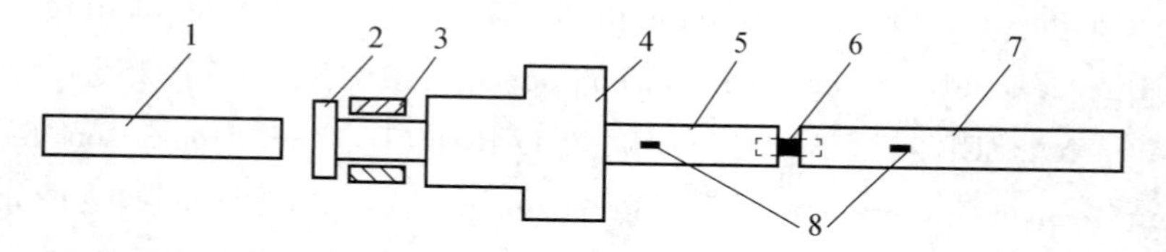

图 3.1 典型的霍普金森拉杆结构

1—吸收杆；2—传递法兰；3—撞击套管；4—气炮；5—入射杆；6—试样；7—透射杆；8—应变片

3.2 棒状试样动态拉伸测试

动态拉伸测试中，哑铃形的棒状试样为最常见的试样形式，试样由平行段、圆弧过渡段和螺纹连接段构成，通过螺纹与加载杆固定连接。图 3.2 为典型的动态拉伸棒状试样结构，图 3.3 为以 45#钢为例的棒状试样动态拉伸测试波形曲线。

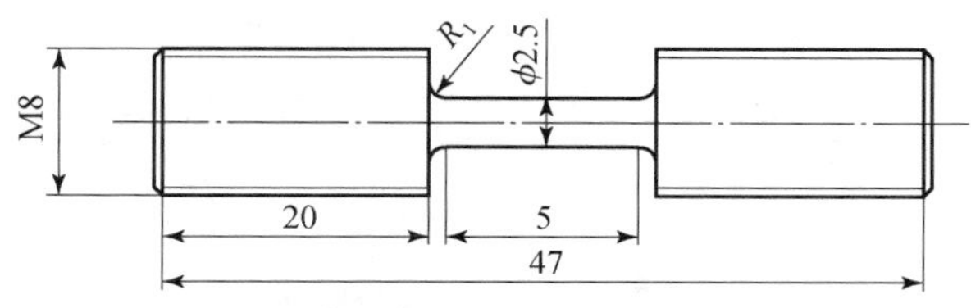

图 3.2　典型的动态拉伸棒状试样结构

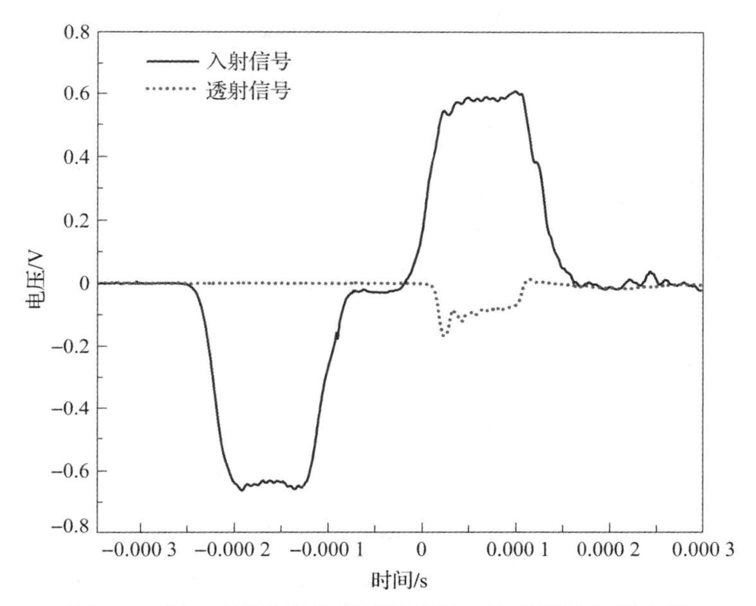

图 3.3　以 45#钢为例的棒状试样动态拉伸测试波形曲线

在图 3.3 中，入射波前端有一段异常凸起，这是由于传递法兰中压缩波的反射叠加造成的，可通过在传递法兰和撞击套管撞击面上对称粘贴波形整形器进行消除，同时，波形整形器的使用，可以有效消除入射波中的高频弥散信号，使实验结果更加准确。通常情况下，波形整形器可以采用薄的铜片或硅胶片制作，波形整形器的材质和直径直接影响入射波的上升沿斜率和圆润程度，可根据实际情况进行调整。

入射波中的异常凸起和高频信号会造成反射波或透射波产生剧烈波动，不利于数据的准确处理，应予以消除。除此之外，试样与加载杆之间连接的有效性也对透射信号有较大影响。图 3.3 中的透射信号是与加载杆螺纹连接的棒状试样加载产生的，由于螺纹之间的间隙，应力波在传导过程中存在多次不规则的反射叠加，在透射信号中产生了高频干扰信号，掩盖了材料的屈服强度等信息，增加了数据处理的难度。

透射信号中存在高频干扰信号的问题，可通过优化试样与加载杆连接状态解决。高频信号产生的根本原因，是试样与加载杆螺纹连接不紧密，存在较多空隙，在试样螺纹处缠绕生料带可有效提高试样与加载杆结合的紧密性，可以得到光滑过渡的透射信号，如图 3.4 所示。

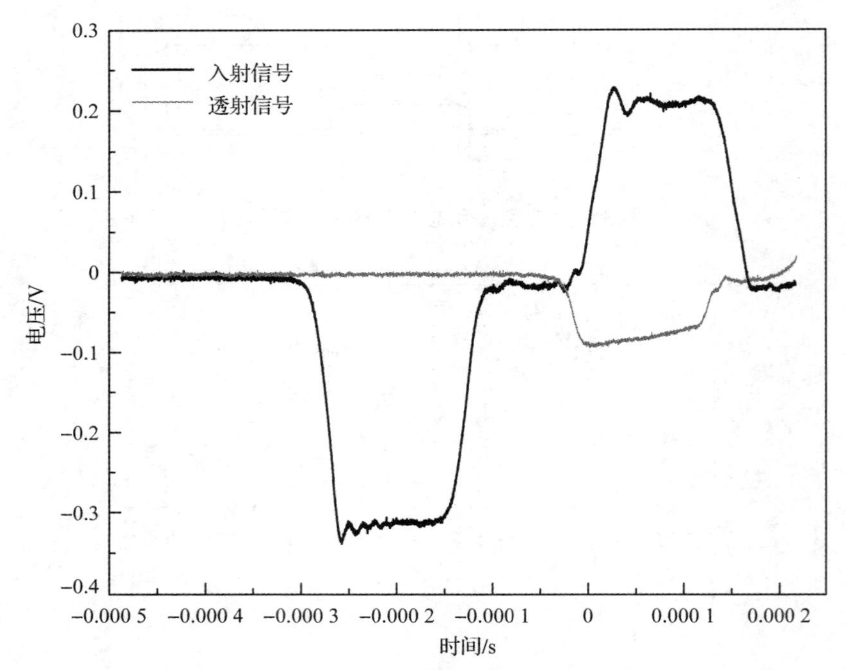

图 3.4　缠绕生料带的棒状试样波形

生料带缠绕法效果良好，但对缠绕数量、缠绕松紧程度等较为敏感，对实验测试人员有较高要求，且效率低下。专利 201922136548. X 给出了一种动态拉伸棒状试样预紧方法，可作为生料带缠绕法的替代方案，在实现试样与加载杆紧密结合的同时提高实现效率，其结构原理如图 3. 5 所示。

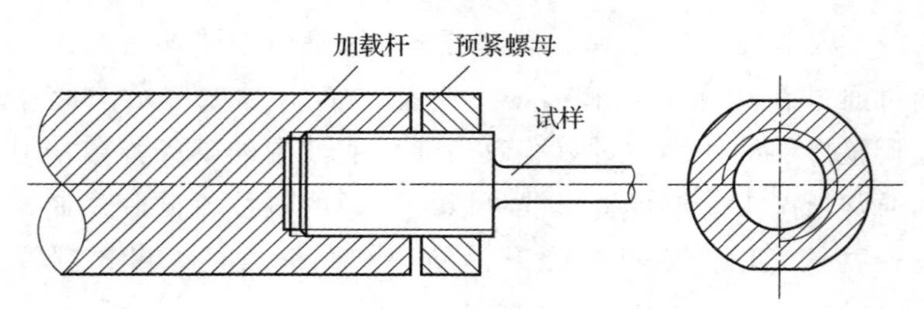

图 3.5　采用预紧螺母完成试样紧固

棒状试样两端通过螺纹与加载杆连接，螺纹段长度大于加载杆螺纹孔深度；预紧螺母为圆环状，外径与加载杆直径相同，在外圆对称位置加工有平台，方便扳手夹持，预紧螺母内径与螺纹段直径相同，并设有螺纹，可与棒状试样配合连接。为满足波阻抗要求，预紧螺母的材质与加载杆相同。

图 3. 6 为不同处理方法得到的 45#钢动态拉伸应力 - 应变曲线，直接使用螺纹连接，曲线前部有较高的干扰峰，曲线波动明显，材料的屈服强度等信息被完全掩盖，数据结果较差；采用生料带缠绕法和预紧螺母法获得的应力 - 应变曲线较为光滑，曲线各部分表达较为准确，两种方法获得的曲线重合性良好。

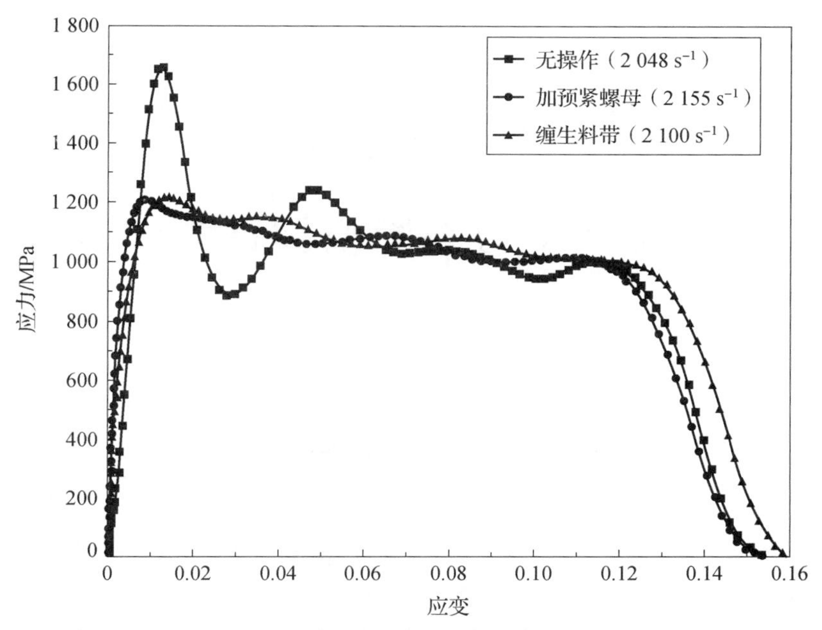

图 3.6　不同预紧方法试验效果对比

第 4 章

金属材料动态断裂韧性测试

4.1 试验设备及测试原理

金属材料中高应变率Ⅰ型裂纹动态断裂韧性采用三点弯曲试验方法，试验过程中裂纹尖端附近的应力状态处于平面应力状态。本试验在改造后的分离式霍普金森压杆上进行，将入射杆的端头改为楔形，取消透射杆，使用支撑架装夹试样，压缩气体以一定速度发射撞击杆，撞击杆撞击入射杆产生入射波，入射波载荷通过入射杆传递到试样，并对其进行加载，使试样在中心部位发生张开型断裂，同时形成反射波沿入射杆返回，装置示意图如图 4.1 所示。入射杆上的应变片对波形信号进行记录，通过超动态应变仪采集后传输到计算机进行后续计算。在试样预制裂纹尖端附近粘贴应变片，用以监测裂纹的起裂时间。

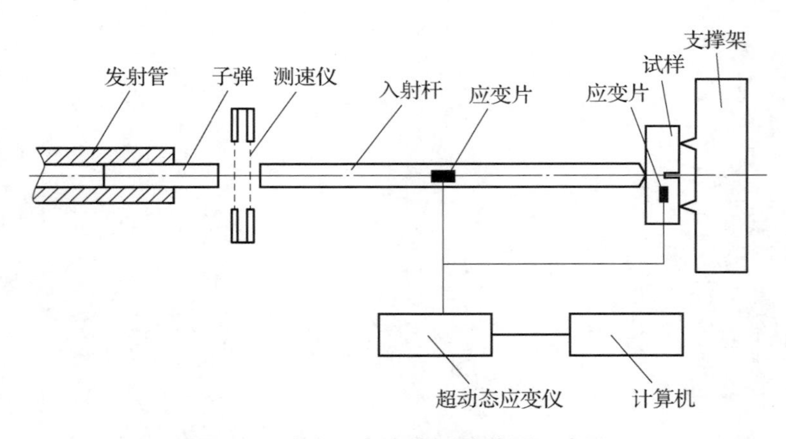

图 4.1 动态三点弯曲测试装置示意图

为保证撞击杆及加载杆在弹性状态下工作，杆的材料应具有较高的屈服强度，其值宜不小于 1 500 MPa。加载杆的长径比应大于 40；加载杆长度应大于入射波的宽度，即加载杆长度应为撞击杆长度的 2 倍以上；加载杆长度一般不小于 800 mm；撞击杆长度一般不小于 100 mm。加载杆前端压头为楔形结构，为降低应力波传播误差，变截面部分（压头）应尽量缩短（使用大角度压头），压头角度推荐值为 120°；为避免应力集中导致压头损坏，压头前端应做倒角处理，倒角半径视杆系直径及样品大小而定。加载杆与撞击杆应具有图 4.2 所示的加工精度。

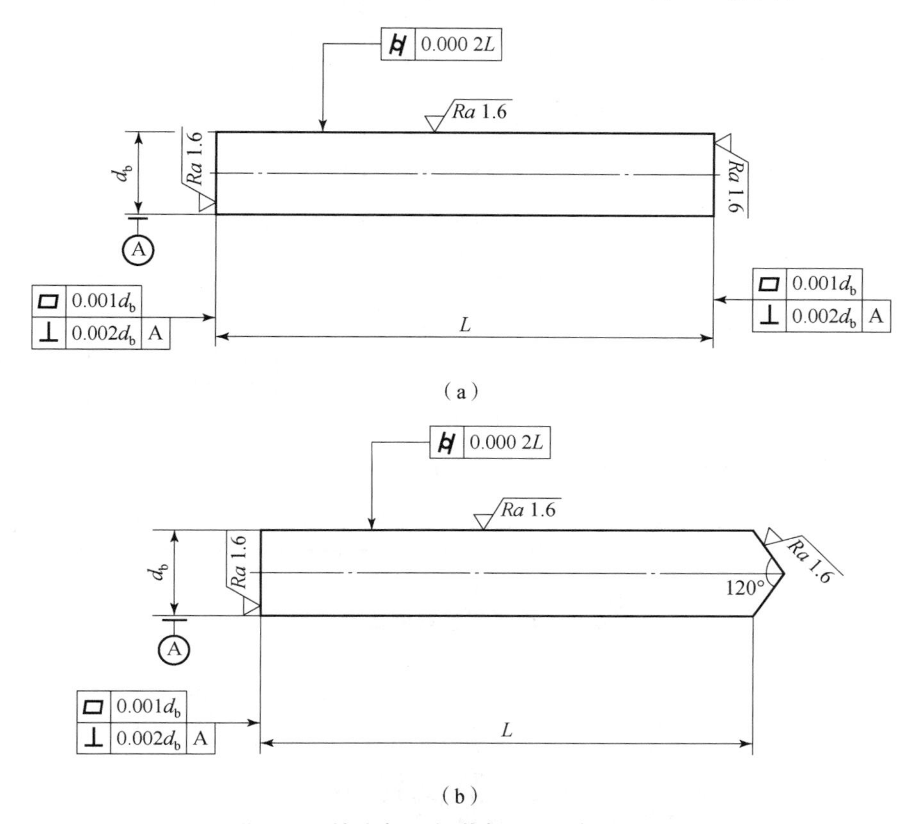

图 4.2 撞击杆及加载杆形状和加工要求

(a) 撞击杆的形状和加工要求；(b) 加载杆的形状和加工要求

注：所有标识均参考自 GB/T 34108—2017《金属材料 高应变速率室温压缩试验方法》P9 图 A.1

动态断裂韧度测试采用三点弯曲试验方式，其结构如图 4.3 所示。试样放置于载物台上，由支撑弧面支撑和加载（也可由圆柱形的轴承或圆棒作为支撑加载结构）。载物台长度 L_s 不应小于试样宽度。对于强度可达到 1 400 MPa 的试样，支撑弧面的洛氏硬度不应低于 HRC40；对于强度可达到 2 000 MPa 的试样，支撑弧面的洛氏硬度不应低于 HRC46。支撑弧面高度 h_s 不应小于试样厚度。支撑弧面的直径与试样宽度相当，表面光滑，以减小摩擦对试验的影响。

注意：支撑弧面的直径不应太大，以免试样弯曲加载时接触点沿切向变化使弯曲力臂产生过多的变化。同时也不能太小，以免在试样接触表面产生楔形压力或产生损害夹具的接触应力。

定义两支撑弧面圆弧顶点（与试样线接触的位置）之间的距离为加载跨距，跨距定位应精确到 ±0.1 mm。

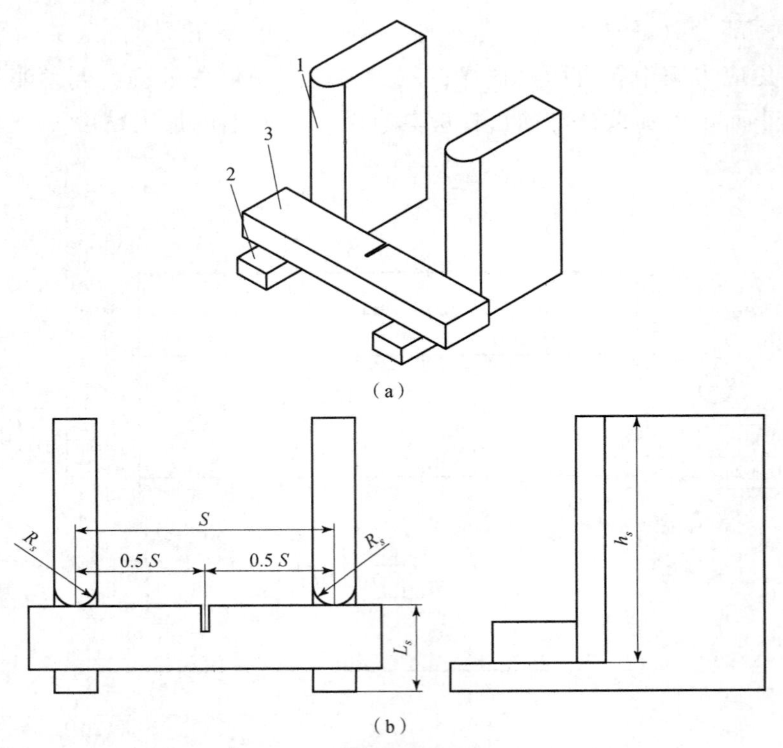

图 4.3　动态断裂韧度试验夹具

(a) 夹具示意图；(b) 夹具形状及尺寸关系

1—支撑弧面；2—载物台；3—试样

4.2　测试样品

试样采用长方体，试样的几何尺寸及要求如图 4.4 所示。

通常情况下，试样的厚度 B_0、宽度 W_0 以及跨距 S 之比为 1∶2∶4，裂纹总长度为宽度的 1/2，建议尺寸为长度 L_0：70 mm、厚度 B_0：7.5 mm、宽度 W_0：15 mm、跨距 S：60 mm、线切割缺口深度 a_0：6 mm、疲劳裂纹长度 a_f：1.5 mm。

通过显微镜测量阈值疲劳裂纹长度，确定裂纹尖端位置，在距离裂纹尖端 2 mm 的位置粘贴应变片，应变片粘贴方向与裂纹方向垂直。图 4.5 为粘贴好应变片的实物照片。

4.3　试验过程

以实验室现有设备为例，加载杆系材料为 55CrSi，直径为 16 mm，其中撞击杆长 200 mm，入射杆长 1 000 mm，入射杆端头倒角半径为 2 mm，端头圆弧切线与杆轴向夹角为 120°。入射波信号由粘贴在入射杆中间部位的应变片监测，型号为 BE120－2AA（120 Ω×2），灵敏度系数为 2.08。

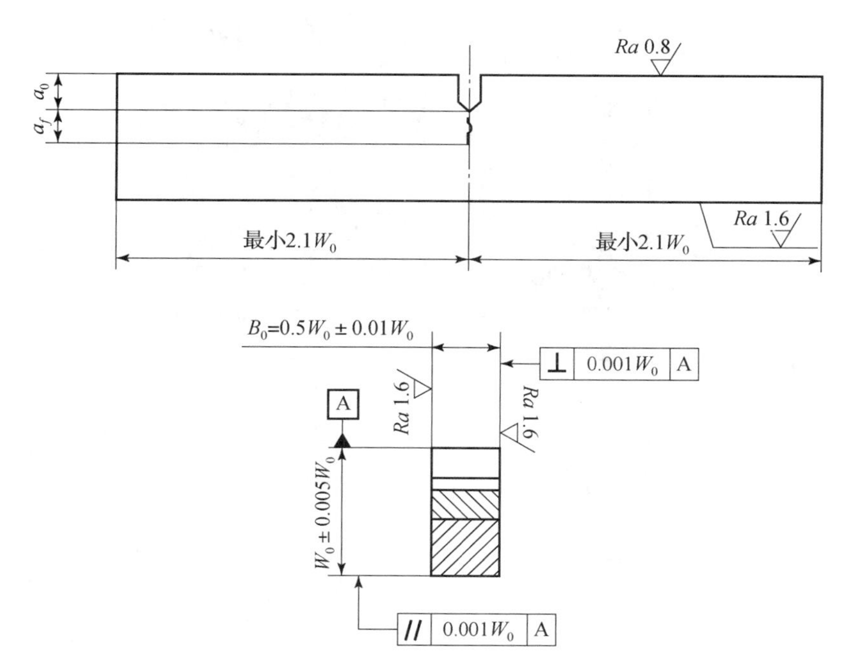

图 4.4　动态断裂韧度试样

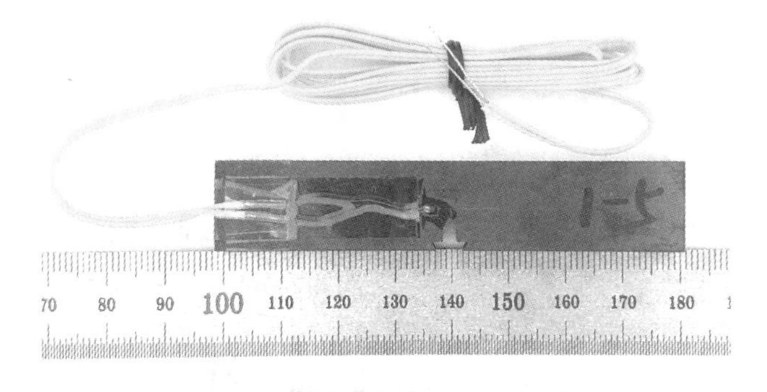

图 4.5　粘贴好应变片的实物照片

试样品外形尺寸为 80 mm × 16 mm × 8 mm，测试跨距为 64 mm，试样中部有预制缺口及疲劳裂纹。通过显微镜测量阈值疲劳裂纹长度，确定裂纹尖端位置，在距离裂纹尖端 2 mm 的位置粘贴应变片，应变片粘贴方向与裂纹方向垂直。监测起裂时间的应变片型号为 ZA120 - 05AA - A，灵敏度系数为 1.76。

Ⅰ型动态断裂韧性测试装置及试样安装后如图 4.6 所示。

测试样品安装完毕后即可开始测试，撞击杆的发射以及数据波形的采集请参照传统分离式霍普金森压杆操作过程。通过在入射杆端面粘贴波形整形器，可控制入射波加载形状，本实验中使用 $\phi 6 \times 0.5$ mm 的硅胶片作为波形整形器，以减小弥散效应。撞击杆发射速度约为 19 m/s 时（加载气压 0.4 MPa），应变仪采集的典型信号如图 4.7 所示。

图 4.6　动态断裂韧性测试装置（授权专利号：202022173195.3）

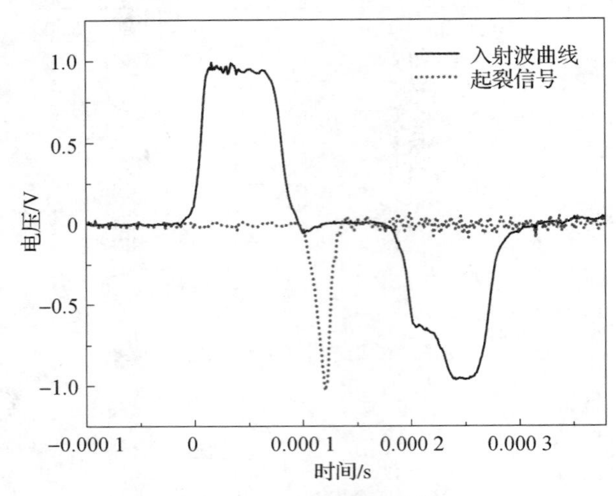

图 4.7　实验采集信号

通过入射杆上的应变片采集入射波及反射波信号，根据一维应力波理论计算试样上的应力－时间曲线，进而获得应力强度因子－时间曲线 $K_{1d}(t)$，三点弯曲试样上有应变片可以监测裂纹的起裂时间 t_f，从而可以获得材料Ⅰ型动态断裂韧性。

4.4　数据处理方法

1. 加载杆中的应变

加载杆中的应变按式（4.1）计算：

$$\varepsilon(t) = U(t)\frac{1}{K_s\left(1+\dfrac{R_c}{R_g}\right)\cdot \Delta U_C} \tag{4.1}$$

其中，$U(t)$ 为输出电压；K_s为电阻应变片应变敏感系数；R_c为超动态应变仪标定电阻；R_g为桥盒中总电阻；ΔU_C 为标定电压。

2. 载荷－时间曲线

根据一维应力波理论计算施加在试样上的载荷 $P(t)$，计算公式为

$$P(t) = E_b A[\varepsilon_t(t) + \varepsilon_r(t)] \tag{4.2}$$

式中，E_b、A 分别为加载杆弹性模量和横截面积；$\varepsilon_t(t)$、$\varepsilon_r(t)$ 分别为入射应变信号和反射应变信号，得到典型载荷 – 时间曲线。

3. 动态应力强度因子随时间关系的确定

对于三点弯曲试样的动态断裂问题，将三点弯曲试样简化成结构动力学中的弹簧质量模型（图 4.8）来分析试样的动态响应，从而获得试样的 $K_{\mathrm{I}}(t)$ 近似表达式：

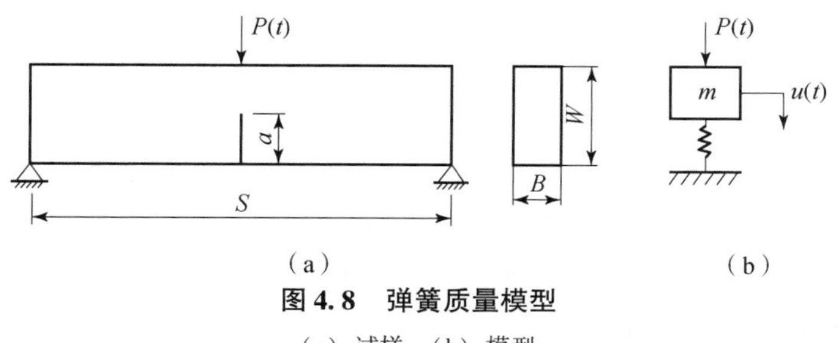

图 4.8　弹簧质量模型

（a）试样；（b）模型

$$K_{\mathrm{I}}(t) = \frac{S}{BW^{3/2}} f(a/W)\omega_1 \int_0^t P(\tau)\sin[\omega_1(t-\tau)]\mathrm{d}\tau \tag{4.3}$$

式中，S、a、B、W 为三点弯曲试样加载时的跨距、预制裂纹长度、试样的厚度、宽度；ω_1 为试样的一阶固有频率；$P(t)$ 为施加在试样的载荷 – 时间曲线。式中包含过程变量由式（4.4）给出：

$$f\left(\frac{a}{W}\right) = \frac{3\left(\frac{a}{W}\right)^{1/2}\left[1.99 - \left(\frac{a}{W}\right)\left(1-\frac{a}{W}\right)\left(2.15 - 3.93\frac{a}{W} + 2.7\left(\frac{a}{W}\right)^2\right)\right]}{2\left(1+\frac{2a}{W}\right)\left(1-\frac{a}{W}\right)^{3/2}} \tag{4.4}$$

试样的一阶固有频率计算公式为

$$\omega_1 = \sqrt{\frac{G(a)}{m_e}} \tag{4.5}$$

$$m_e = \frac{17}{35}WBS\rho \tag{4.6}$$

$$V\left(\frac{a}{W}\right) = \frac{a}{W-a}\left[5.58 - 19.57\left(\frac{a}{W}\right) + 36.82\left(\frac{a}{W}\right)^2 - 34.94\left(\frac{a}{W}\right)^3 + 12.77\left(\frac{a}{W}\right)^4\right] \tag{4.7}$$

$$G(a) = \frac{4EBW^3}{(1-\nu^2)S^3}\frac{1}{\left[1 + 2.85\left(\frac{W}{S}\right)^2 - 0.84\left(\frac{W}{S}\right)^3 + \frac{6}{S/W}V\left(\frac{a}{W}\right)\right]} \tag{4.8}$$

式中，$G(a)$ 为等效刚度；m_e 为等效质量；E 为弹性模量；ν 为泊松比；ρ 为材料密度。

4. 起裂时间的确定

采用电阻应变片监测起裂时间 t_f，应变片粘贴位置要避开塑性区。主要利用裂纹开贴和扩展时引起的低应力区卸载效应。在裂纹的两侧存在一低应力区，其范围大小与裂纹长度有关。加载时在裂纹开裂之前，低应力区的应力随载荷的增加而增加，一旦裂纹开裂扩展，从裂尖端处产生一强卸载波使该区域内的应力分量不断减小，这样在应变-时间曲线上就会产生一个峰值点，此峰值点即起裂点。与应力对应的应变也具有同样的趋势，在试样开裂前先增加，开裂后降低。通过在试样裂尖附近表面粘贴应变片，就可以记录这个应变变化，从而获得试样起裂时间。从开始出现信号到信号峰值的时间记为 $t_{\max}$，显然 $t_{\max}$ 不是真正的起裂时间，它需要减去强卸载波从裂纹尖端到应变片处所需要的时间，即

$$t = t_{\max} - \frac{l_g}{c_{s0}} \tag{4.9}$$

其中，l_g 为应变片到裂纹尖端的距离；c_{s0} 为试样在材料中的弹性波波速。

获得起裂时间，即可在应力强度因子曲线上获得相应时刻的临界应力强度因子，将其作为试样材料的动态应力强度因子，即可反映其动态断裂韧度。

数据处理获得的典型测试结果曲线如图 4.9 所示。

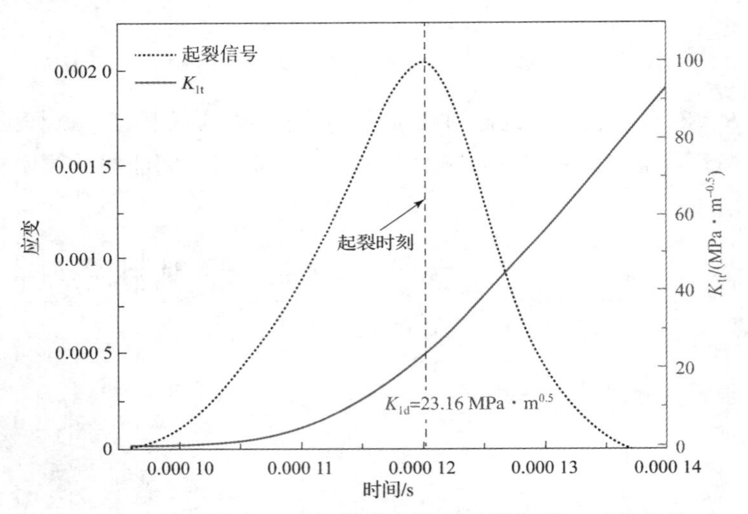

图 4.9　实测应变-时间曲线和动态断裂韧性-时间曲线

4.5　数据处理软件简介

基于 4.1.4 节所述弹簧质量模型，编写了金属材料动态断裂韧性数据处理软件，以降低实验数据处理难度，提高工作效率。

软件初始界面如图 4.10 所示，在界面左侧的参数设置区输入数据处理所需参数。系统参数中，E 为加载杆弹性模量、D 为加载杆直径、K 为加载杆应变片灵敏度系数，C_0 为加载杆声速，R_g 为加载杆应变片总电阻，R_c 为桥盒内标准电阻，ΔU_C 为应变片标定电压。材料参数中，S 为试样加载跨距，L、W、B 分别为试样的长度、宽度及厚度，a 为试样预制裂纹长度，E_0 为试样弹性模型，ν 为试样泊松比，ρ 为试样密度，s 为起裂监测应变片距离裂纹尖端的长度。

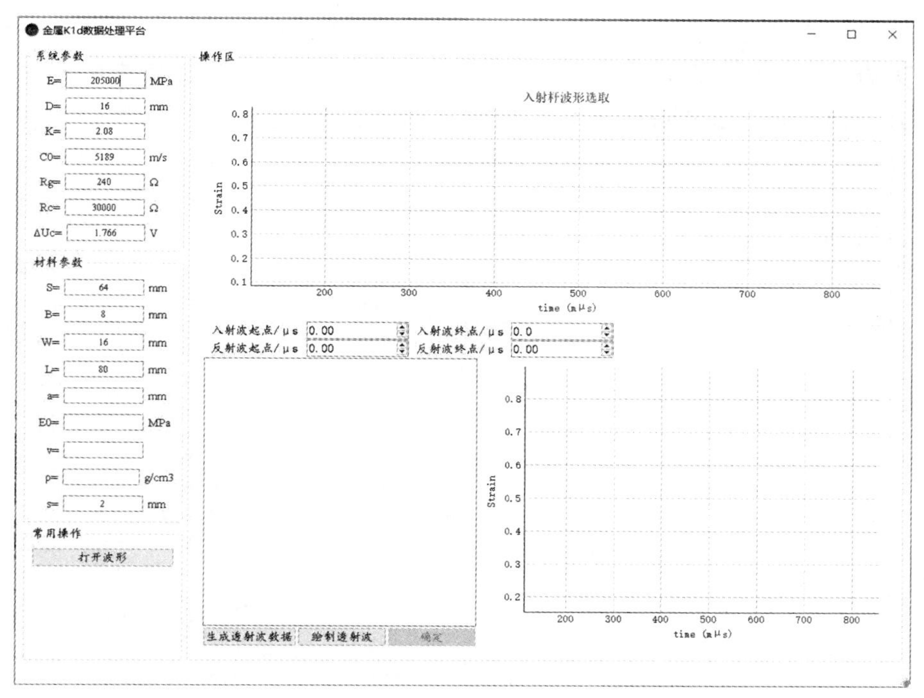

图 4.10　软件初始界面

单击左下方打开波形，选择试验获得的数据文件后，入射杆采集波形曲线在界面上方图表中显示，如图 4.11 所示。

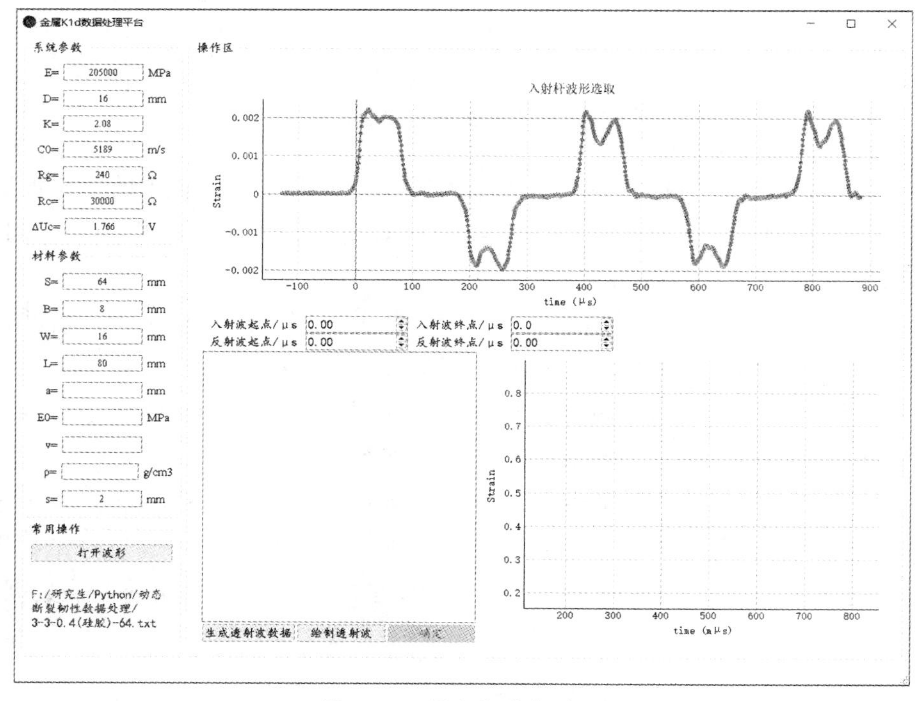

图 4.11　导入加载杆波形

通过鼠标按键及滚轮可对曲线进行放大缩小操作；在入射杆信号下方的数据框中输入入射波和反射波的起止点，选取入射波和反射波信号，选取后的入射、反射波形以及根据二者计算获得的透射波在右下方曲线图中显示；通过微调入射波和反射波的起点位置，获得透射信号的合理计算结果，如图 4. 12 所示。

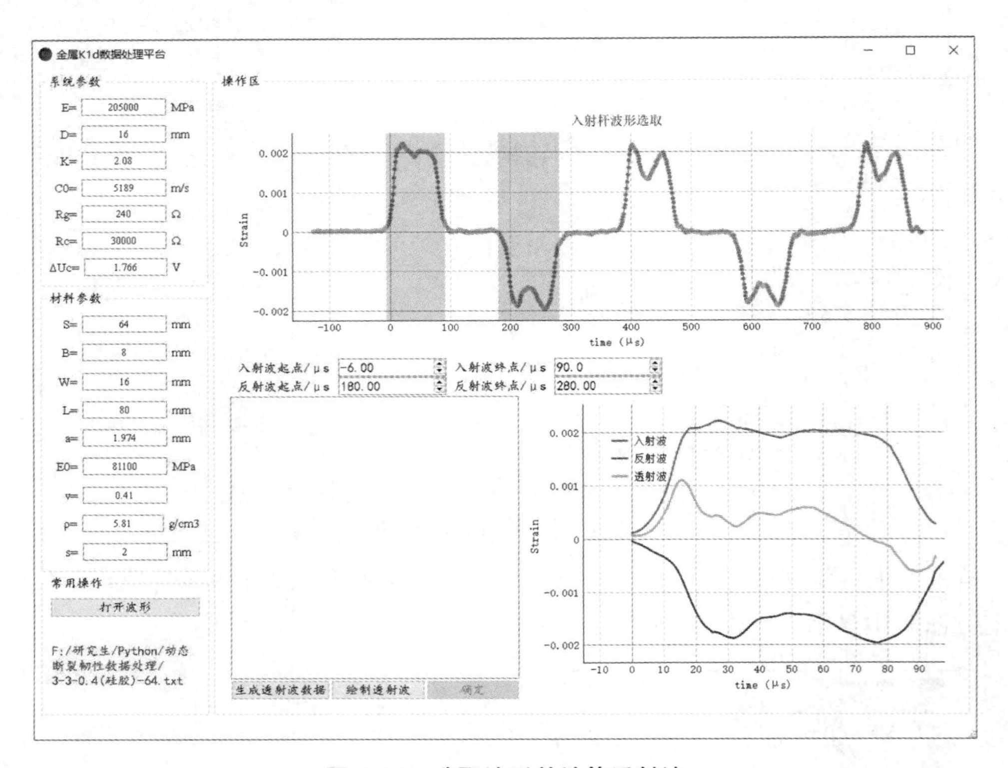

图 4. 12　选取波形并计算透射波

单击“生成透射波数据”按钮，根据入射波和反射波计算获得的透射波数据在中间表格显示，剔除无效数据后单击“绘制透射波”按钮，获得应变 - 时间曲线，并在界面显示，如图 4. 13 所示。

单击“确定”按钮，转至起裂信号选取界面，中间曲线框显示由透射波计算获得的载荷 - 时间曲线，顶部曲线框显示起裂信号采集曲线，如图 4. 14 所示。

在起裂信号下方的数据框内输入起裂信号的起点和终点，系统自动计算起裂时刻，并在中间的曲线框内显示起裂信号曲线，如图 4. 15 所示。

单击“保存设置”按钮，选择数据处理结果保存文件夹，然后单击“计算 K_{1d}”按钮，右下方曲线框显示动态断裂韧性 - 时间曲线、起裂信号、起裂时刻，界面下方显示计算结果，如图 4. 16 所示；并在保存设定的文件夹内生成透射波数据曲线、载荷 - 时间曲线、动态断裂韧性 - 时间曲线的文本文件。

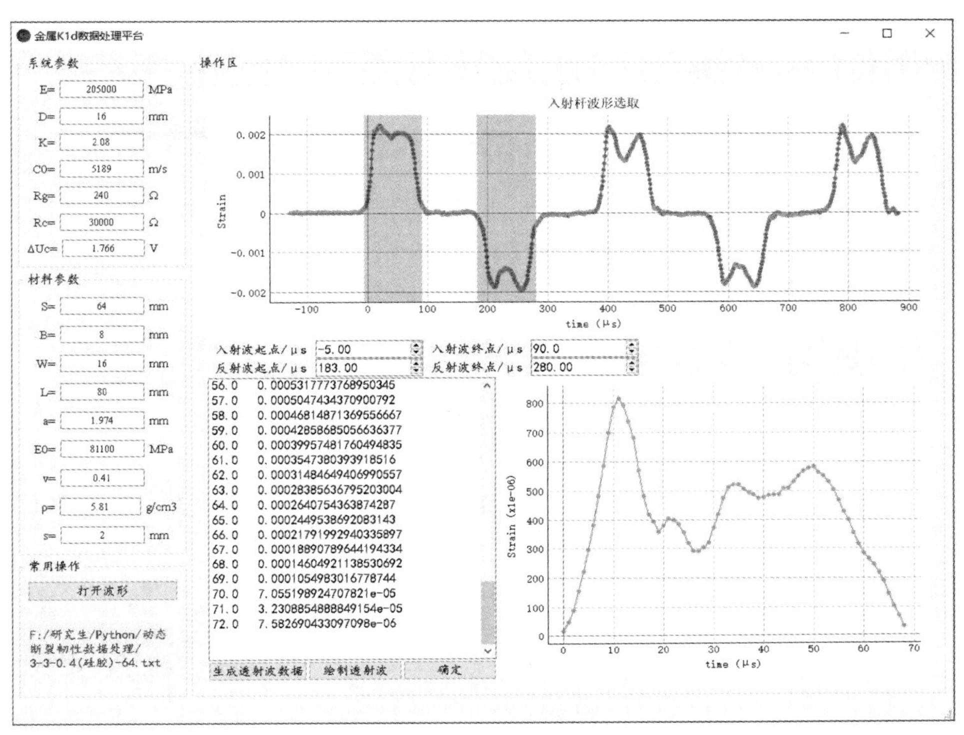

图 4.13　获得应变－时间曲线

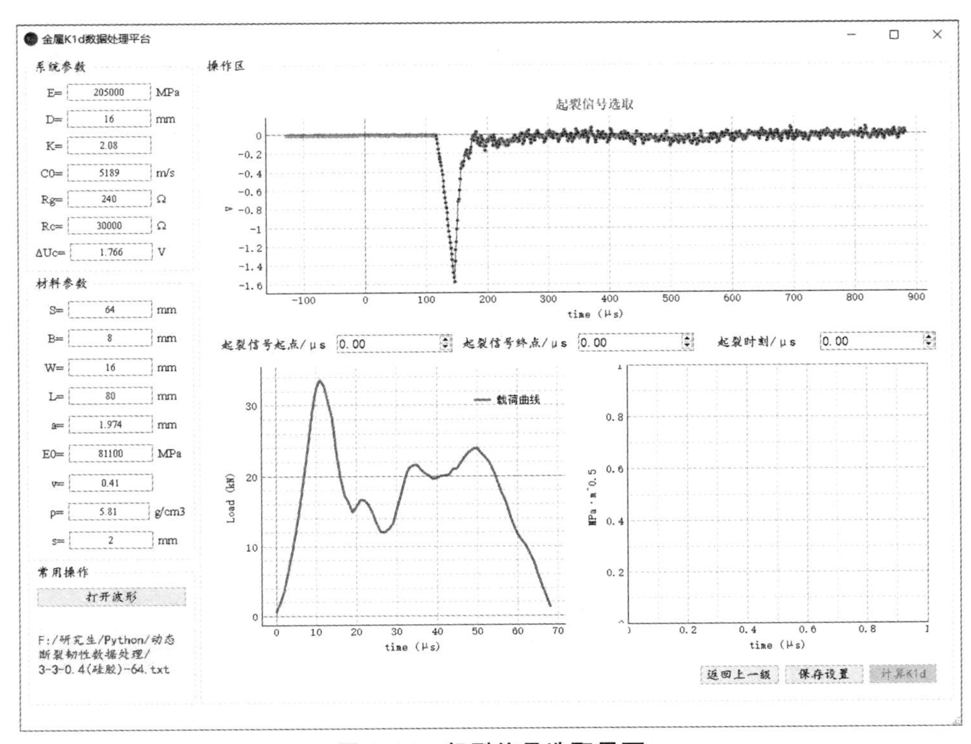

图 4.14　起裂信号选取界面

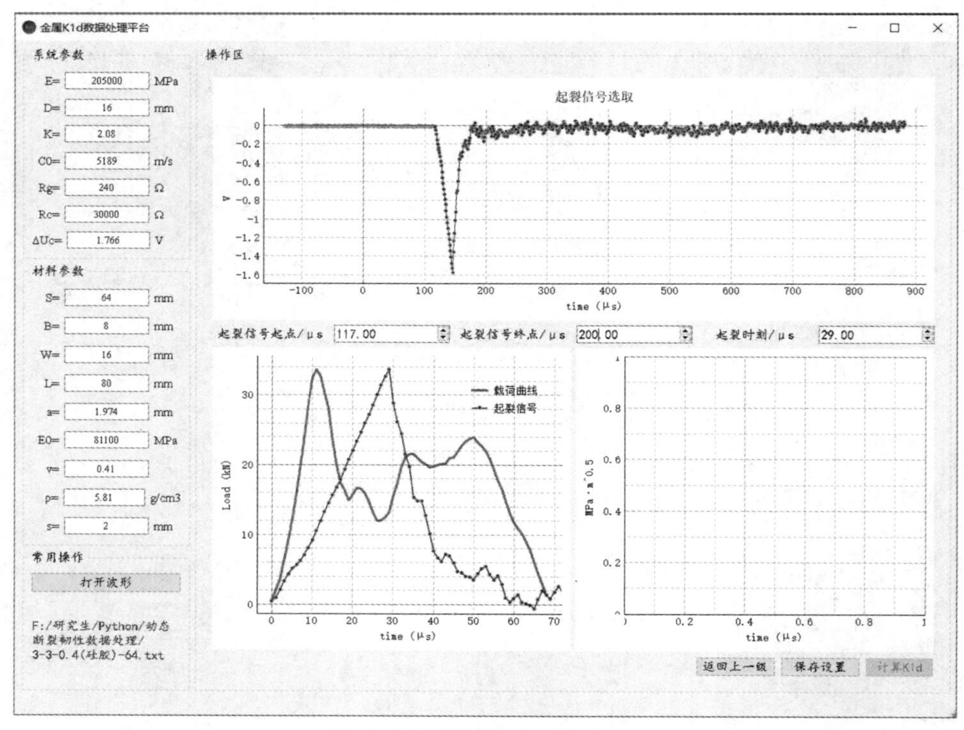

图 4.15　起裂信号选取结果

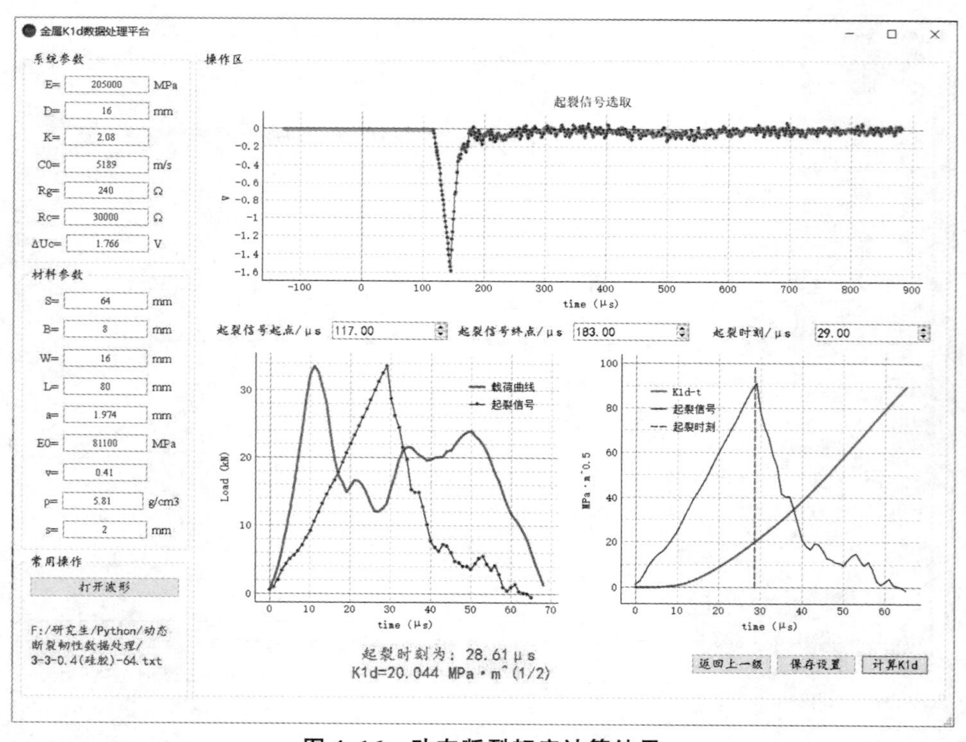

图 4.16　动态断裂韧度计算结果

第5章

材料动态硬度测试技术

硬度是衡量固体材料软硬程度的一种性能指标，不仅与被测材料的性质有关，也与测量方法及测量条件有关。对于同一材料，在不同的条件（如试样温度、表面粗糙度）下测量，或采用不同的测量方法，其硬度值可能不同。所以，硬度所表示的量不仅取决于硬度本身，还取决于试验方法和试验条件。对于固体材料，硬度实际上是指其对于外部物体给予变形所表现出来的抵抗能力。因此，硬度不是一个单纯的确定的物理量，而是反映材料弹性、塑性、强度、韧性及耐磨性等一系列不同物理、力学性能的综合指标。

压头压入材料的过程类似于装甲受到一个坚硬、尖锐穿甲弹打击侵蚀、侵彻的情况，因此，动态硬度测试对研究靶体抗侵彻性能有指导性意义。

5.1 动态硬度的物理意义

动态硬度的概念实际上是从静态硬度引申而来的。以维氏硬度为例，其试验原理是使用研磨面夹角为136°的金刚石四方角锥在一定载荷 P 作用下，压入试样表面得到四方锥形压痕，然后根据压痕单位面积所承受的载荷来计算硬度。之所以采用四方角锥，是针对布氏硬度的负荷 P 和钢球直径 D 之间必须遵循 P/D^2 为定值的这一制约关系的缺点而提出来的。采用了四方角锥，当负荷改变时压入角不变，因此负荷可以任意选择。四方角锥之所以选取136°，是为了所测数据与HB值能得到最好的配合。试验时，在载荷 P 的作用下，试样表面被压出一个菱形压痕，测量压痕对角线长度分别为 d_1 和 d_2，取其平均值 d 用以计算压痕的表面积 S，P/S 即为试样的硬度值，用符号HV表示。

当载荷单位为千克力（kgf），压痕对角线长度单位为毫米（mm）时，

$$\mathrm{HV}=\frac{2P\sin\dfrac{136^\circ}{2}}{d^2}=1.8544\frac{P}{d^2} \tag{5.1}$$

当载荷单位为牛顿（N）时，

$$HV = 0.102\frac{2P\sin\frac{136^\circ}{2}}{d^2} = 0.1891\frac{P}{d^2} \tag{5.2}$$

由于统一了硬度测试的标准，对于同一种材料硬度是一定的，不会随载荷的改变而变化，载荷与其对应的压痕投影面积之间是正比的关系，比例系数即为其维氏硬度。因此只要获得载荷及其对应的压痕面积即可计算出材料的维氏硬度。

基于以上的思想，将原先的准静态载荷换成具有一定加载速率的动态载荷，并对压头加载在试样表面产生与其对应的动态压痕，即可获得材料在动态条件下的维氏硬度，即动态维氏硬度。比照静态维氏硬度的计算公式，动态维氏硬度的计算公式为

$$DHV = 0.102\frac{2P\sin\frac{136^\circ}{2}}{d^2} = 0.1891\frac{P_d}{d^2} \tag{5.3}$$

其中，P_d 为动态载荷脉冲（图 5.1）峰值，N；d 为其对应压痕对角线的平均值，mm。

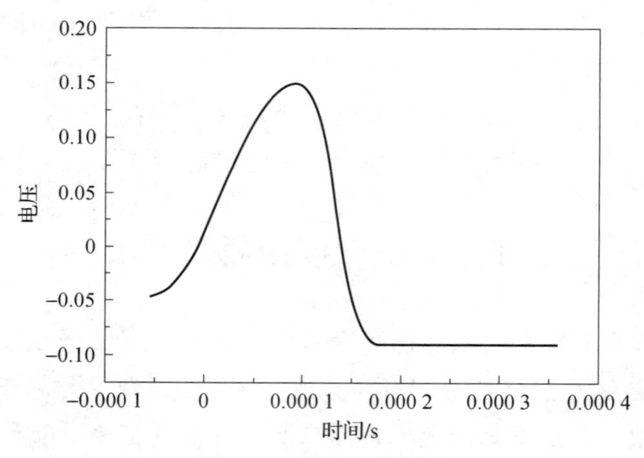

图 5.1　动态加载脉冲

所以实质上，材料的动态压痕硬度综合反映的是其在一定应变率条件下的流变应力和应变硬化能力。

5.2　动态硬度测试系统

动态硬度测试系统是基于分离式霍普金森压杆原理，撞击杆撞击入射杆，产生一个具有一定时长的应力脉冲，通过入射杆端面的硬度计压头给试样施加载荷，其难点在于获得清晰的单次压痕以及实际载荷的产生与控制。

采用分离式霍普金森压杆原理，可以较为方便地获得动态载荷，通过改变撞击

杆长度控制加载时间，通过改变撞击速度、加载杆直径或材料控制载荷大小。然而，在传统霍普金森压杆系统中，撞击杆撞击入射杆后，在入射杆中产生一个向右传播压缩应力波［图5.2（b）中C_1］，通过压头对试样进行动态加载，加载结束后压缩波反射为向左传播的拉伸波（T_1），当T_1到达入射杆左端面时再次发生反射，转变为压缩波C_2向右传播，并再次对试样进行加载，形成二次压痕，如图5.3所示。

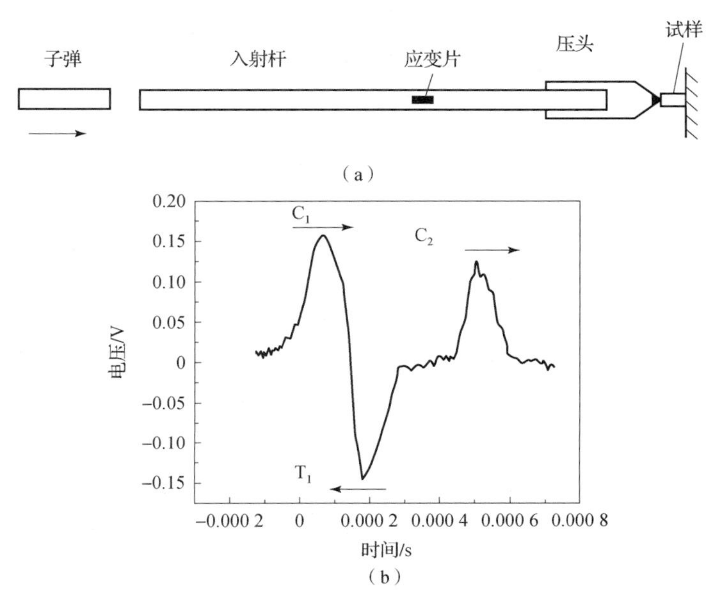

图5.2　撞击杆撞击入射杆加载的示意图与入射杆内部应力波形图

（a）撞击杆撞击入射杆加载示意图；（b）入射杆内部应力波形图

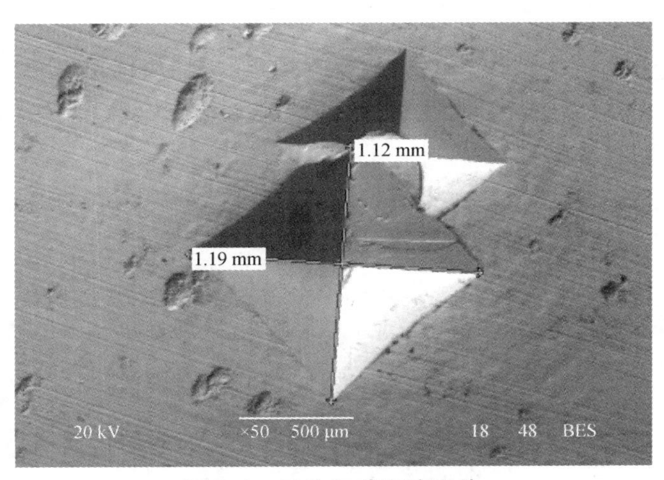

图5.3　二次加载压痕照片

显然，图5.3所示的动态压痕并不能满足动态硬度测试的需要。为了保证得到动态加载条件下的单个压痕，必须确保压头仅对试样加载一次，即入射杆中仅有一个向右传播的压缩应力波。

5.2.1 动态硬度测试系统的构成

为了实现对压头的动态单次加载，必须对入射杆中的应力波进行控制。Nemat - Nasser 等[1]利用一维应力波传播的特点（应力波在自由端反射为相反性质的波，而在固定端反射为相同性质的波，也就是说压缩波在自由端反射为拉伸波而在固定端还是反射为压缩波），巧妙地设置了一个动量陷阱，使入射杆中仅有一个向右传播压缩应力波，从而实现单次动态加载。依据上述动量陷阱原理设计的动态硬度测试系统如图 5.4 所示。

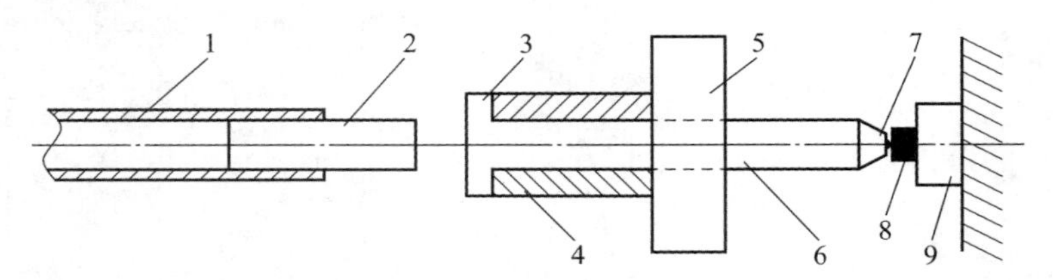

图 5.4 动态硬度测试系统示意图

1—撞击杆驱动系统；2—撞击杆；3—限位法兰；4—套筒；
5—质量块；6—入射杆；7—硬度计压头；8—试样；9—压电力传感器

动量陷阱主要由撞击杆、套筒、法兰、质量块以及入射杆组成。要求其中所有部件使用的材料相同，撞击杆、套筒、入射杆的横截面积相同，所以波阻抗相同；撞击杆和套筒的长度相当；法兰的横截面积是撞击杆、套筒的两倍，但厚度很小，可忽略不计；质量块的质量远大于整个装置其他部件质量的总和。

5.2.2 单次加载实现原理

通过入射杆上的应变片可以捕捉到其中应力波传播的情况（图 5.5），从而揭示动量陷阱的工作原理。

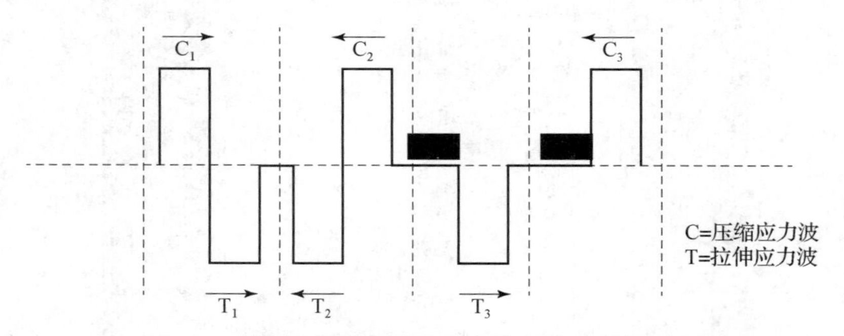

图 5.5 动量陷阱作用下入射杆中的应力传播过程

当撞击杆撞击法兰时，将产生一个向右传播压缩应力波，并通过法兰同时进入套筒和入射杆，沿入射杆向右传播的压缩应力波 C_1 通过压头对试样进行动态加载，并反射为拉伸波 T_2 沿入射杆向左传播；沿套筒向右传播的压缩波在质量块界面处发生固定端反射，形成向左传播的压缩波，由于套筒和撞击杆制作材料以及长度相同，所以套筒中向左传播的压缩波与从撞击杆自由端反射向右传播的拉伸波同时到达法兰。此时撞击杆离开法兰，不再对入射杆产生作用；而套筒中的压缩应力波在法兰处发生自由端反射，形成拉伸应力波 T_1 进入射杆并沿着入射杆向右传播，到达入射杆右端时将压头卸载，并反射为向左传播的压缩波 C_2 使压头离开试样。而入射杆中向左传播的拉伸波 T_2 到达法兰时，将发生自由端反射，而变成向右传播的压缩应力波，由于套筒与法兰外缘面积和制作材料相同，所以具有相同的阻抗，因此在法兰处反射的压缩波将完全透射进入套筒，并沿着套筒向右传播，并在质量块界面处发生反射，形成拉伸波使套筒脱离法兰，从而将向右传播的压缩波锁在套筒中。这个过程可以等效为压缩波通过杆 2 完全透射到与其阻抗相同的杆 1 的情况，如图 5.6（b）所示；此时入射杆中只有 T_3 继续传播，拖动入射杆一直向左运动，从而完成了一次动态加载过程。

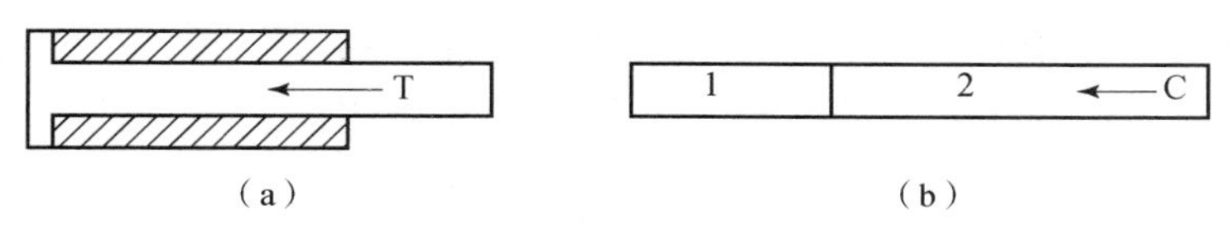

图 5.6　动量陷阱应力波传播与动量陷阱等效应力波传播示意图

（a）动量陷阱应力波传播示意图；（b）动量陷阱等效应力波传播示意图

5.2.3　动态硬度测试系统构件设计原则

根据 5.2.2 小节的原理阐述，在设计动态硬度测试系统时必须同时满足两个方面的要求：一是必须满足一维应力波传播的假设；二是必须满足动量陷阱对构件尺寸的基本要求。

分离式霍普金森压杆有三个基本假设：假设在杆中传播的是单向应力状态的一维线弹性波，实际上是忽略了杆中质点的横向惯性效应。为了满足这些假设，要求试验过程中各部件始终处于弹性状态，且材料性质与所经历的应变率无关，入射波波长远大于杆的直径，以忽略横向和纵向的惯性效应。

为了实现动量陷阱的作用，还必须满足以下要求：撞击杆、法兰、套筒、入射杆的材料相同，撞击杆、套筒、入射杆横截面积相同；撞击杆和套筒的长度相当；法兰的横截面积是撞击杆、套筒的两倍，但厚度远小于撞击杆、套筒的长度；质量块的质量远大于整个装置其他部件质量的总和。

为满足上述要求，动态硬度测试系统中的撞击杆、法兰、入射杆、套筒需基于以下原则进行设计。

1. 材料选择

动态压痕试验过程中，撞击杆、入射杆始终处于弹性变形状态，同时还要避免撞击杆与入射杆相撞后在入射杆中产生一定磁场[2]，导致应力波变形，所以制作系统构件材料必须满足高屈服强度的要求。结合霍普金森杆选材经验，推荐使用250级马氏体时效钢［18Ni（250）］作为系统构建材料。

2. 径向尺寸设计

在实际测试过程中，需根据不同的加载需求设计相应的加载杆系，其中载荷加载时间与撞击杆的材料和长度有关，满足

$$t = 2l/C_0 \tag{5.4}$$

$$C_0 = \sqrt{E_0/\rho_0} \tag{5.5}$$

式中，l 为撞击杆长度；C_0 为撞击杆弹性波波速，与材料的弹性模量和密度相关。

撞击杆在特定速度下产生的加载载荷大小与入射杆的直径、材料相关，如式（5.6）所示。

$$F = \varepsilon_0 E_0 A \tag{5.6}$$

式中，ε_0 为入射杆中的应变；A 为入射杆截面积。

需注意的是，撞击杆、法兰、套筒之间，需满足：撞击杆长度与套筒长度相同；套筒内径与入射杆相同，截面积与入射杆截面积相同；法兰截面积为入射杆与套筒截面积之和。

3. 轴向尺寸设计

在确定了径向尺寸的条件下，轴向尺寸的确定仍需要满足一维应力波假设以及动量陷阱的设计要求。

一维应力波假设实质是要忽略杆的横向收缩或者膨胀对动能的贡献。入射杆中构成应力脉冲的各弹性谐波的传播速度 C_f 可表示为

$$C_f = C_0\left[1 - \nu^2\pi^2\left(\frac{r}{\lambda}\right)^2\right] \tag{5.7}$$

其中，C_0 是入射杆中的波速；r 是入射杆半径；λ 是弹性波波长；ν 是入射杆的泊松比。随着入射杆半径的增大，高频谐波与低频谐波的波速相差变大，从而使弥散现象更为严重。为满足一维应力波假设的基本要求，杆的横向尺寸必须远小于应力波波长，这样杆的横向动能便远小于纵向动能，杆中的一维应力波可以利用初等理论分析得到足够好的近似结果；否则将会引入横向惯性，从而引起波的几何弥散。为了消除几何弥散的影响，要求入射杆的半径 r 与应力脉冲宽度 λ 的比值：

$$r/\lambda \leqslant 0.1 \tag{5.8}$$

设撞击杆长度为 l、半径为 r；入射杆长度为 L、半径为 R，由于 $\lambda = 2l$，则有

$$r/l \leqslant 0.2 \tag{5.9}$$

即撞击杆长度应大于其5倍直径。

另外为了保证入射杆中应力脉冲的完整性，还要兼顾压电力传感器的工作频率（f，一般为40 kHz），即

$$C_0/\lambda \leqslant f \tag{5.10}$$

若 $C_0 = 5\ 000$ m/s，$f = 40$ kHz，则

$$\lambda \geqslant 125 \text{ mm} \tag{5.11}$$

此外为保证入射杆中应力波的完整性，要求入射杆的长度 L 与撞击杆长度 l 的比值

$$L/l > 5 \tag{5.12}$$

即入射杆长度需大于撞击杆长度。

4. 质量块设计

当撞击杆撞击入射杆时，在入射杆中产生的压缩应力脉冲沿着套筒向质量块传播，当压缩应力波到达套筒与质量块界面时，由于波阻不匹配，压缩应力波在套筒与质量块的接触处发生反射和透射。

设套筒的密度为 ρ_t，波速 C_t，横截面积为 S_t，质量块的密度 ρ_m，波速 C_m，横截面积为 S_m。假设压缩应力波的强度为 σ，反射波的强度为 σ_r，透射波强度为 σ_t，则得公式

$$\sigma_r = F\sigma \tag{5.13}$$

$$\sigma_t = T\sigma \tag{5.14}$$

其中，F、T 分别为应力波的反射系数和透射系数。

$$F = \frac{1 - \dfrac{\rho_t C_t S_t}{\rho_m C_m S_m}}{1 + \dfrac{\rho_t C_t S_t}{\rho_m C_m S_m}} \tag{5.15}$$

$$T = \frac{2}{1 + \dfrac{\rho_t C_t S_t}{\rho_m C_m S_m}} \tag{5.16}$$

由于套筒和质量块使用相同的材料，所以二者的密度和声速相同，即

$$F = \frac{1 - \dfrac{S_t}{S_m}}{1 + \dfrac{S_t}{S_m}} \tag{5.17}$$

$$T = \frac{2}{1 + \dfrac{S_t}{S_m}} \tag{5.18}$$

要保证动量陷阱能够发挥作用，压缩波在界面处应该被完全反射，即 $F = 1$，所以 $S_m \gg S_t$，也就是说质量块的横截面积必须远大于套筒的横截面积；一般地，认为当 $S_m/S_t \geqslant 100$ 时，$F \approx 1$。

图 5.7 为使用不同重量质量块条件下入射杆中的应力波形，可以发现随着质量块重量的增加，压缩波幅值大幅降低，动量陷阱吸收效果明显。

5.2.4　应力脉冲波形整形技术

动态硬度测试过程中，撞击杆撞击入射杆产生脉冲应力信号，通过金刚石压头

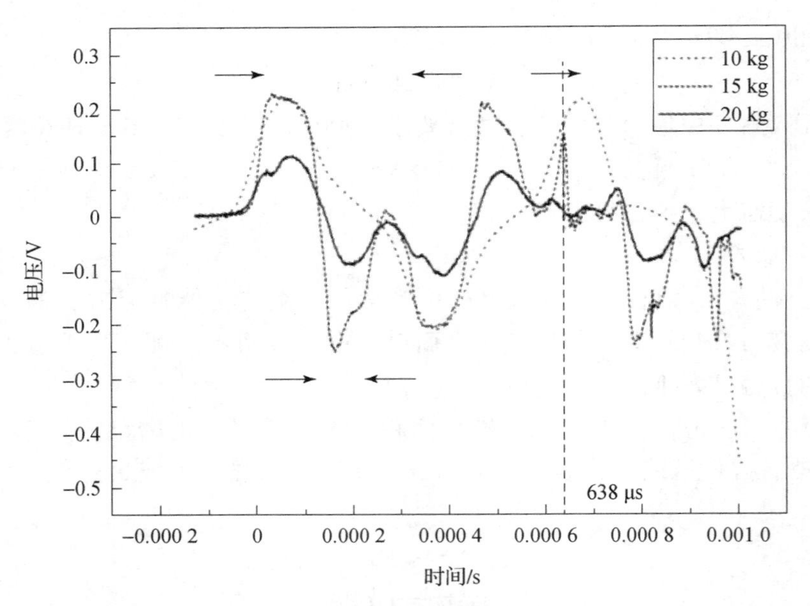

图 5.7　不同质量块的吸波效果

对试样进行加载。理想状态下，入射杆中的应力波为矩形波，但在实际测试过程中，外部因素和波导杆中的应力波弥散现象会造成加载波形中含有高频部分，从而对实验结果造成影响，因此需要对加载波形进行控制，消除其高频部分，以保证实验结果的有效性。通常情况下，通过在入射杆端面安装波形整形器对加载波形状进行调整；通过控制撞击速度调整加载载荷。

图 5.8 为未经应力波波形控制得到的加载压痕，图中显示，由于应力波高频部分的影响，压头压入过深，在塑性材料表面得不到轮廓清晰的菱形压痕，而脆性材料压痕区域甚至产生了明显的崩落和碎裂，导致压痕失效，更严重的可能会破坏金刚石压头。所以对应力脉冲的波形控制，尤其是应力波整形对于保护金刚石压头、获得有效的动态压痕、提高试验精度是非常必要的。

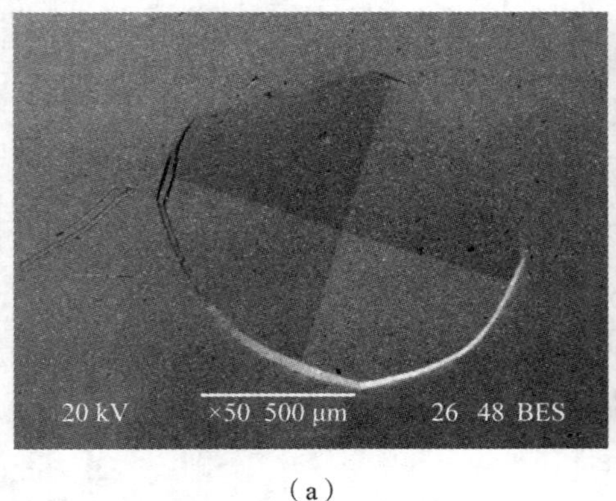

(a)

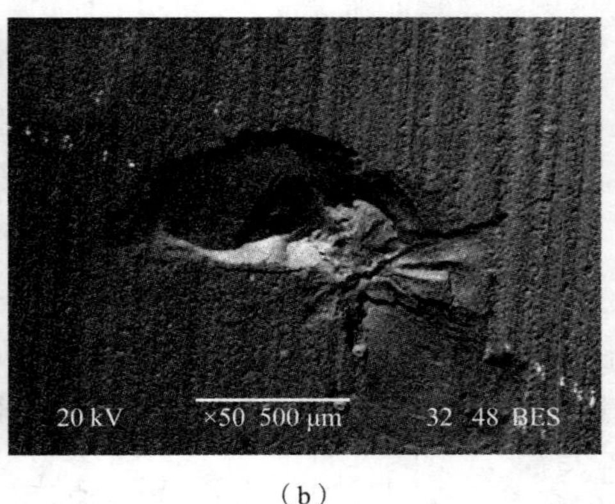

(b)

图 5.8　无效动态压痕

(a) 塑性材料；(b) 脆性材料

入射应力波整形技术是在入射杆被撞击端加装一个由低屈服强度材料制成的小的薄片（称为波形整形器）。通过波形整形器将原来陡峭上升的近似为方波的入射波整形为上升过程缓慢的符合所测材料要求的入射波。同时，使用波形整形器还可以过滤入射波中的高频振荡，减少入射杆中的应力波弥散。利用前人研究结果[3]，分别设计了几种不同材料不同尺寸的整形器（表5.1）进行试验，针对 ϕ14.5 mm 加载杆系，其整形效果如图5.9所示。

表5.1　不同波形整形器设计尺寸

材料	H62	H62	硅胶	硅胶
尺寸（直径×厚度）/mm	5×0.2	7×0.3	3×0.5	16×0.5

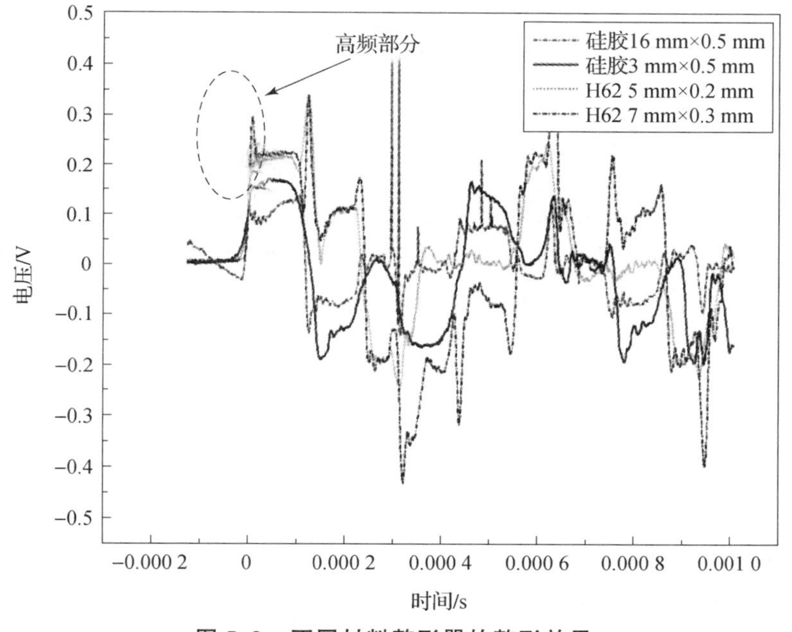

图5.9　不同材料整形器的整形效果

通过对不同材料和尺寸的整形器整形效果进行比较，不难发现加入整形器之后，压缩应力波的高频部分普遍得到了明显的削弱，但是对于两个不同尺寸的黄铜整形器而言，高频部分仍然存在，同时应力波的传播过程中动量陷阱的效果受到干扰；而尺寸较大的硅胶整形器（ϕ16×0.5 mm）基本消除压缩应力波的高频部分，但是也使应力波的幅值大幅降低，应力波在之后的传播过程中产生较多的杂峰，也无法满足试验的需要；而对于 ϕ3×0.5 mm 的硅胶整形器不但使入射试验波形平滑无弥散，且保持了应力波在动量陷阱作用下的传播规律，能够很好地满足对试验中动态单次加载脉冲的整形要求。

5.2.5 动态载荷测试技术

为了计算材料的动态硬度，在对试样实施动态加载之后，还需实时测试动态载荷的大小。由于压电力传感器可以将力的信号转化为电荷信号，所以利用压电力传感器及其辅助设备（电荷放大器）可对动态载荷进行测量，其测试过程如图 5.10 所示，系统的连接示意图如图 5.11 所示。由于载荷测试设备都是商用的仪器，所以在选择时必须遵循工作频率统一的原则，即所有仪器的工作频率必须匹配。例如本书中选用了工作频率为 40 kHz 的压电力传感器，则电荷放大器、数据采集卡等仪器的工作频率必须大于等于 40 kHz，这样才能保证信号在传输过程中不会失真。

动态载荷 → 试样 → 压电力传感器 → 电荷信号 → 电荷放大器 → 电压信号 → 数据采集卡

图 5.10 动态载荷测试过程

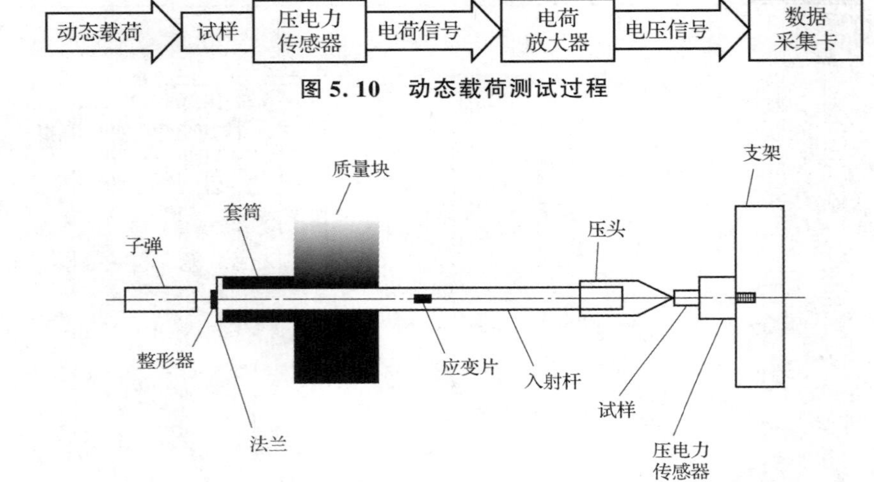

图 5.11 动态压痕测试系统示意图

压电力传感器可以置于入射杆与压头之间，也可以置于试样与支架之间。电荷放大器通过数据线与压电力传感器连接，用于放大压电力传感器输出的电荷信号，并将其转化为数据采集卡可识别的电压信号，压电力传感器和电荷放大器如图 5.12 所示。

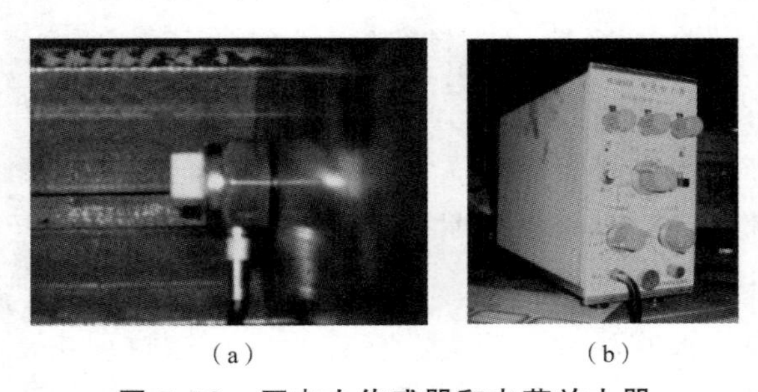

(a) (b)

图 5.12 压电力传感器和电荷放大器

(a) 压电力传感器；(b) 电荷放大器

压电力传感器是将力信号转化为电信号的装置，图 5.13 (a) 展示了常见压电力传感器的基本构造，其核心元件是具有压电效应的石英晶体。当有外力作用在传感器上时，其内部压电材料产生的电荷会迅速转移，只有在交变力或冲击力的作用下才有持续的电荷输出。因此压电力传感器只适用于动态力的测量。图 5.13（b）、（c）展示了秦皇岛市北戴河兰德科技有限责任公司生产的两种规格的压电力传感器。图 5.13 所展示的压电力传感器构造适用于沿轴线方向动态力的测量。实际测试条件下，动态载荷的分布应当尽可能关于轴线对称，否则引起的弯矩可能导致石英晶体边缘出现高应力，进而引起过载。然而，如果量程足够大，则可以忽略弯矩引起的测量误差，因为石英晶体单侧的高应力可以由另一侧的低应力补偿。

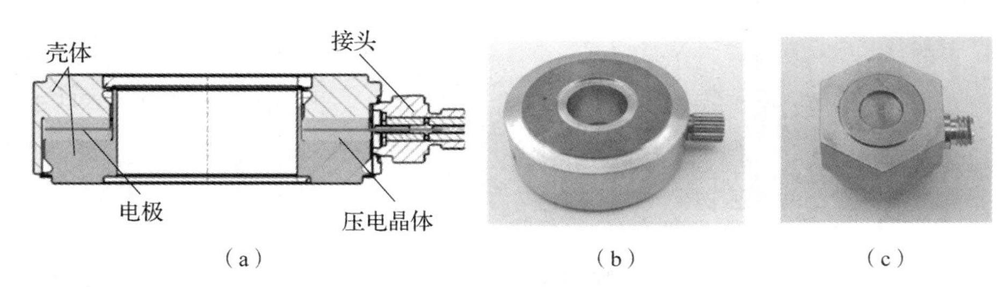

（a）　　（b）　　（c）

图 5.13　压电力传感器基本构造

（a）压电力传感器构造示意图；（b）BZ1202 型压电力传感器（量程 50 kN）；
（c）BZ1201 型压电力传感器（量程 5 kN）

压电力传感器的主要参数包括量程、灵敏度、线性等。量程是首先应当关注的参数，在使用前根据经验或理论估算的方法确定测试条件下适用的量程。灵敏度单位为 pC/N，即每 1 N 作用力所能在传感器内部产生的电荷量，决定于压电材料的压电系数。每个压电力传感器的灵敏度不会完全相同，在出厂时都需要单独的质检。除此之外，压电力传感器的参数还包括固有频率、绝缘阻抗、过载能力等。

压电力传感器在动载荷作用下只产生少量电荷，能够直接检测到的电压十分微小，因此测量信号需要经过电荷放大器再接入信号采集系统。以实验室所配备 HY5852 型电荷放大器为例，其基本接口如图 5.14 所示。传感器信号通过电缆从前面板接入电荷放大器，并从后面板通过 BNC 接头电缆输出到信号采集系统。

电压输出参数需要在电荷放大器的前部面板上设置：将压电力传感器的灵敏度输入电荷放大器中，实现灵敏度归一化，随后在面板上电压输出旋钮，调整单位载荷（N）对应的输出电压（mV）。另须通过旋钮调整上限频率与下限频率，一般将频率范围设定为最大即可。压电力传感器、电荷放大器与电脑主机间的连接方式如图 5.15 所示。在测试过程中，最好固定信号传输电缆，避免剧烈晃动造成的噪声信号给测量带来的误差。

在理想情况下，传感器与大质量物体之间施加刚性连接时，其对动态力信号的高频响应能力完全决定于其自身的固有谐振频率。然而在实际情况下，传感器不可能完全牢固地安装在测试环境中的固定物体上，安装谐振频率往往小于传感器固有谐振频率，降低了传感器对动态力的频率响应范围极限。为了获得尽可能宽泛的频

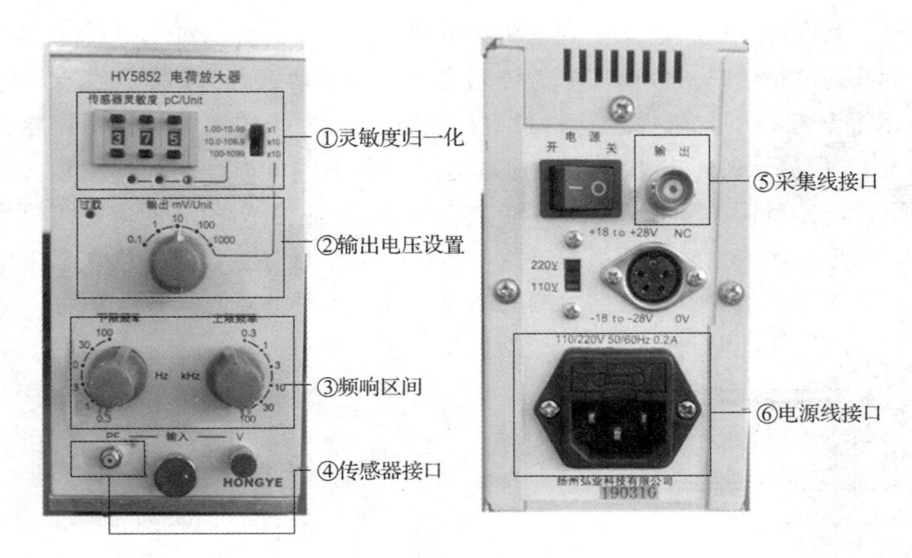

图 5.14　HY5852 型电荷放大器基本接口

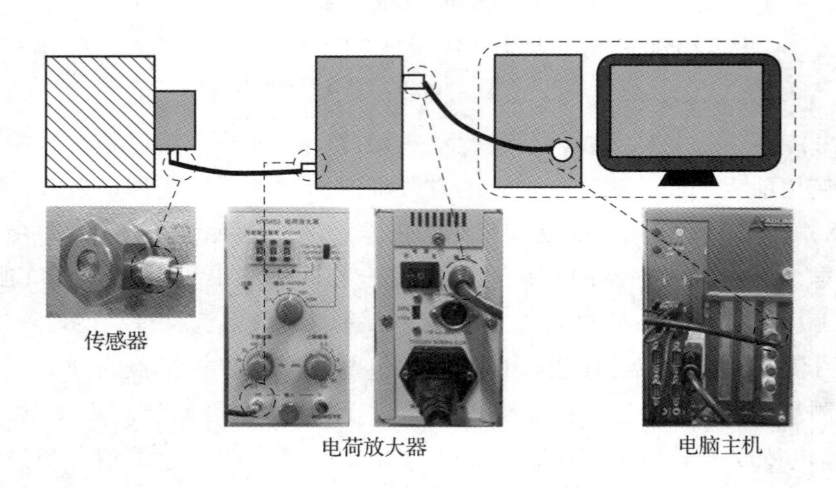

图 5.15　装置连接示意图

率响应范围，应当使传感器与固定物体间的连接尽可能牢固。常见的固定方式包括胶黏剂粘接安装、螺钉安装、磁力底座安装、探针安装四种[4]。其中胶黏剂粘接安装和螺钉安装这两种安装方式能够获得较高的安装谐振频率，有利于对高频动态力的测量。

螺钉安装方法具有最高的安装谐振频率，但要求在试件表面安装螺纹孔，螺纹孔位置决定了测试点位置。相比之下，使用胶黏剂粘接安装方法虽然降低了安装谐振频率，但能够自由地选择安装位置。胶黏剂粘接安装方法的基本工艺为，先用砂纸对安装面进行打磨，再用丙酮或无水乙醇清洗打磨面并彻底擦干，随后在粘接部位滴适量的 502 瞬间粘接剂之后，将传感器压住几秒钟待胶初步固化后松开手，静置十几秒使胶彻底固化达到胶接强度。欲取下粘接在被测物体上的传感器请先于粘合部位涂布丙酮，过几分钟后用起子取下。

5.3　动态硬度测试方法

5.3.1　试样要求

（1）为保证动态压痕不受试样边界影响，压痕位置距离试样边界应不小于 2 mm；同时，为避免塑性变形区（塑性材料）或者裂纹扩展区（脆性材料）对压痕的影响，多个压痕之间的间距应不小于 1 mm；建议试样加载截面各方向尺寸不小于 5 mm，试样厚度不小于 2 mm。

（2）为保证加载压头与加载面之间的垂直性，试样上下表面平行度误差应小于 0.5°。

（3）为保证观察到清晰的压痕，试样加载面必须抛光，抛光面粗糙度应不超过 8 μm。

5.3.2　数据处理方法

动态硬度测试数据处理方法参考静态维氏硬度计算方法，硬度计算公式如式（5.3）所示。

由于技术条件的限制，测量材料的实时应变率并不容易，然而通过压电力传感器却可以捕捉到压头与试样作用载荷的变化情况。对压电力传感器采集到的动态载荷加载曲线的上升沿求导，即可得到压头压入材料的加载率，如图 5.16 所示。

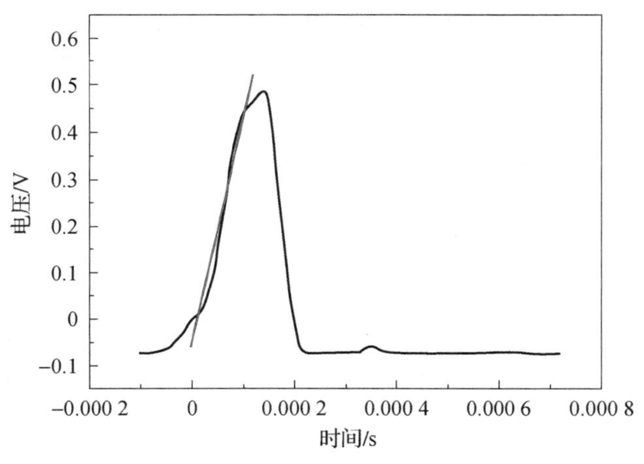

图 5.16　加载率求解方法

动态硬度测试系统及其测试方法作为一种全新的硬度测试方法目前还没有一个不确定度计算方法，然而由于其测量原理类似于静态硬度测试方法，所以利用静态硬度测量不确定度的计算与分析方法，对动态硬度测量的不确定度进行评估。

根据 2005 年颁布的 ISO 6508－1：2005 标准，压痕硬度测量结果的不确定度的评定方法包括硬度测量平均值（$\bar{H}$）及标准偏差（S_H），其计算公式为[5]

$$\bar{H} = \frac{\sum_{i=1}^{n} H_i}{n} \tag{5.19}$$

$$S_H = \sqrt{\frac{1}{n-1}\sum_{i=1}^{n}(H_i - \bar{H})^2} \tag{5.20}$$

参考文献

[1] NEMAT－NASSER S，ISAACS J B，STARRETT J E. Hopkinson techniques for dynamic recovery experiments [J]. Proceedings of the Royal Society A：mathematical，physical and engineering sciences，1991，435（1894）：371－391.

[2] 李英雷，胡时胜，彭建祥，等．霍普金森压杆实验中的磁场干扰 [J]．爆炸与冲击，2002，22（3）：273－276.

[3] FREW D J，FORRESTAL M J，CHEN W. Pulse shaping techniques for testing elastic－plastic materials with a split Hopkinson pressure bar [J]. Experimental mechanics，2005，45（2）：186－195.

[4] 黄鑫．振动试验中传感器安装方法及对比分析 [J]．中国检验检测，2021，29（2）：24－31.

[5] 陈融生，王元发．材料物理性能检验 [M]．北京：中国计量出版社，2005：72－105.

第6章 材料平板撞击测试技术

平板撞击测试技术是研究材料在超高应变率下冲击响应行为的一种重要手段。在平板撞击实验条件下，材料处于一维应变、三维应力状态，应变率为 10^4~$10^7\ s^{-1}$，远高于动态压缩（SHPB）测试技术所能提供的应变率量级（$10^3\ s^{-1}$）。目前，利用平板撞击测试技术可以获得材料的 Hugoniot 弹性极限（Hugoniot elastic limit，HEL），测定计算出冲击波速率（D）、粒子速率（U_p）、撞击压力（P）和体积应变（μ）等冲击参数，通过多项式数据拟合，确定材料的 $D-U_p$ 型的 Hugoniot 曲线和 $P-\mu$ 型的 Hugoniot 曲线，为材料在高速冲击领域的应用提供原始数据积累。其中，Hugoniot 弹性极限被认为是材料在一维应变冲击压缩条件下发生屈服时的正应力，大小是弹性先驱波的幅值[1]，是评价材料在冲击加载条件下的抗屈服和破坏的重要指标。

本章首先就平板撞击测试技术的实验设备及测试过程进行介绍，随后就测试样品的实验设计过程进行描述，分析求解材料的 Hugoniot 弹性极限以及 Hugoniot 关系中的各冲击参数，拟合得到待测材料的 Hugoniot 曲线。

6.1 试验装置及测试过程

平板撞击实验通常在一级或二级轻气炮上进行，一级轻气炮利用压缩气体（如氢气、氮气等）的膨胀做功能力来驱动弹丸，将静止的弹丸加速到预期的高速运动状态，由于该装置的工作气压受到泵的压缩能力和气室的承压能力限制，通常弹丸发射速度范围在 100~1 000 m/s；二级轻气炮利用炸药爆炸时瞬间释放的能量，将处于低压状态下的气体在较短时间内压缩到气炮的高压段内，工作气体被压缩到很高的压力状态后再迅速膨胀推动弹丸加速，弹丸发射速度可达到 1 000 m/s 以上。测试装置实物图及示意图如图 6.1 和图 6.2 所示。

平板撞击实验前，飞片（5）粘在聚乙烯弹托（3）上，弹托与飞片间预留凹槽（4），消除波阻抗不匹配，实现压缩波在飞片自由面的反射。开动电磁阀，瞬时释

(a)

(b)

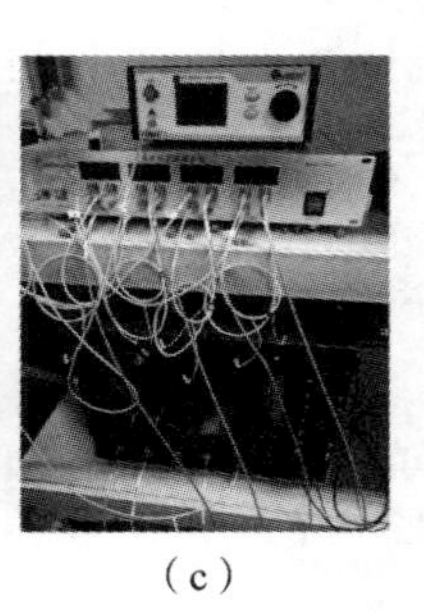
(c)

图 6.1 平板撞击测试装置实物图

(a) 一级轻气炮；(b) 待测样品及支架；(c) 光纤干涉测速系统

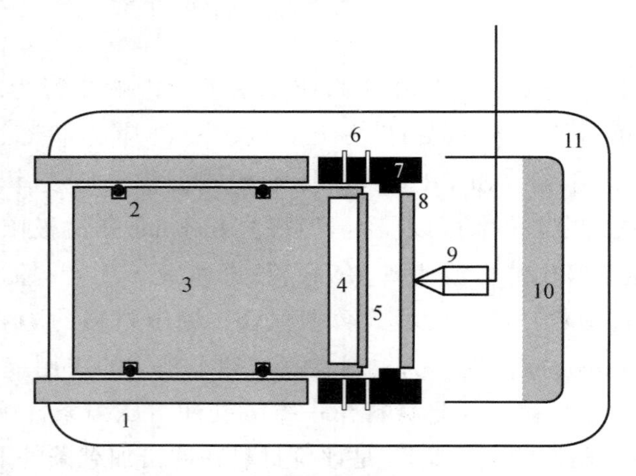

图 6.2 平板撞击测试装置示意图

1—炮管；2—O 形环；3—弹托；4—为飞片的自由面反射稀疏波预留的凹槽；
5—飞片；6—电磁测速探测器；7—样品支架；8—样品；
9—连接激光位移干涉测速技术系统的光纤；10—软回收的材料；11—真空室

放压缩气体 N_2 进入炮管（1），推动弹托和飞片，飞片具有初始撞击速度。到达炮口，弹托被固定装置（7）阻挡，分离后飞片撞击靶板或样品（8），冲击后的样品飞入由泡沫碎布形成的软回收仓（10）中。整个撞击加载装置都位于真空室（11）内，避免高速碰撞下空气对飞片运动产生影响进而改变飞片中波的传播。飞片撞击样品的起始速度由电磁测速装置（6）测量，靶板自由表面粒子速率通过激光位移干涉测速技术系统（Doppler pin system，DPS）测量。光纤（9）用作 DPS 的探头，位于样品自由面上，收集携带速度信息的反射光。根据多普勒原理，在测试过程中，激光器产生的激光发射到被测试样品的表面，在冲击波的作用下，被测样品表面产生扰动，运动界面/自由表面反射的多普勒位移光与静止表面反射的参考光叠加产生干涉条纹，频率信号与界面/自由表面速度成比例。采用 DPS，利用快速傅里叶变换对光学信号进行分析，推导出速度信号，得到样品的自由表面速度（FSV）历程曲线。

6.2　测试样品要求

在平板撞击测试实验中，飞片和靶板的尺寸设计需要在一定的测量时间内满足一维平面波加载的要求，要求实验过程中可以忽略边侧稀疏波和追赶稀疏波对加载平面波的影响。因此，平板撞击飞片和靶板试样的设计准则如下。

（1）靶板对应试件的宽度和厚度的比值（宽厚比）应大于等于 2，以消除平面冲击波在靶板侧向自由面形成的边侧稀疏波对加载冲击波的影响[2]。

（2）飞片撞击靶板后，飞片中的冲击波在其自由面反射会形成稀疏卸载波，此稀疏卸载波传入靶板后，如果追赶上靶板中的冲击波，就会降低其强度；只有与靶板中反射回的稀疏波相遇，才会在测量时不降低其强度，并且有可能发生层裂。因此，存在一个允许的最大靶厚 $\delta_{\max}$，它与飞片厚度 b 之比称为追赶比 R，应满足如下关系[2]：

$$R=\frac{\delta_{\max}}{b}=\frac{1/(V_f-D_f)+(1/C_{Lf})(D_f-U_{pf})/(D_f-V_f)}{(1/D_t)-(1/C_{Lt})(D_t-U_{pt})/D_t} \tag{6.1}$$

其中，δ 为靶板厚度；b 为飞片厚度；R 为追赶比；V_f 为飞片着靶的速度；D_f 为冲击波在飞片中的传播速度；C_{Lf} 是飞片的纵波波速；U_{pf} 是飞片中的粒子速度；D_t 为冲击波在靶板中的传播速度；C_{Lt} 是靶板的纵波波速；U_{pt} 是靶板中的粒子速度。根据飞片和靶板冲击阻抗的相对大小，追赶比 R 的数值可分为以下三种情况：①若飞片与靶板为同种材料，$R\approx 4$；②若飞片冲击阻抗大于靶板冲击阻抗，$R\geqslant 5$；③若飞片冲击阻抗小于靶板冲击阻抗，$R<3$[3]。

飞片和靶板的两个平行面均机械研磨并镜面抛光，以保证其粗糙度小于 0.1 μm，平面度优于 5 μm[3]。

6.3　试验原理及 Hugoniot 弹性极限的获取

本小节以铜飞片撞击块体非晶合金（BMG）靶板为例来分析平板撞击测试的试验原理以及试验中待测靶板材料的 Hugoniot 弹性极限的确定。

此次高应变率下的平板撞击实验在发射口径为 57 mm 的一级轻气炮上进行，一级轻气炮全长 16 mm，发射管长 12 mm。靶板和飞片的直径均为 45 mm，厚度分别为 3 mm 和 2 mm。飞片和靶板的两个平行面均机械研磨并镜面抛光。飞片和靶板的密度 ρ_0 通过阿基米德原理测量得到，材料的纵波波速 C_L 和横波波速 C_T 通过超声测量仪测量得到。根据纵波波速和横波波速，计算得到体积波波速 C_B。根据密度、纵波波速和横波波速，计算得到体积模量 K、剪切模量 G、弹性模量 E 和泊松比 ν。材料的弹性常数之间的计算公式如下：

$$B = \rho C_B^2 = \rho \left(C_L^2 - \frac{4}{3} C_T^2 \right) \tag{6.2}$$

$$G = \rho C_T^2 \tag{6.3}$$

$$E = \frac{9BG}{3B + G} \tag{6.4}$$

$$\nu = \frac{3B - 2G}{6B + 2G} \tag{6.5}$$

式中，C_B 为体积波波速；K 为体积模量；G 为剪切模量；E 为弹性模量；ν 为泊松比。

表 6.1 列出了铜飞片和非晶合金靶板的密度及弹性常数。

表 6.1　材料参数

材料	ρ_0/(g·cm^{-3})	C_L/(km·s^{-1})	C_T/(km·s^{-1})	C_B/(km·s^{-1})	E/GPa	G/GPa	K/GPa	ν
$Zr_{58}Cu_{12}Ni_{12}Al_{15}Nb_3$	6.56	4.82	2.19	4.10	86.19	31.46	110.50	0.37
Cu	8.93	4.67	2.17	3.94	114.66	42.09	138.63	0.36

注：ρ_0：初始密度；C_L：纵波波速；C_T：剪切波波速；C_B：体积波波速；E：弹性模量；G：剪切模量；K：体积模量；ν：泊松比。

平板撞击的实验参数如表 6.2 所示。非晶合金在不同撞击速度下的自由表面粒子速率－时间曲线如图 6.3 所示。当撞击速度较低（284 m/s）时，碰撞面上只产生单一的弹性波。在更高的撞击速度下，自由表面粒子速率－时间曲线出现明显的双波结构，碰撞面上同时产生了弹性波和塑性波。以 shot 4（611 m/s）为例，编号 A、B、C、D、E、F，详细介绍冲击压缩波和随后稀疏波的传播。飞片撞击样品瞬间

表 6.2　平板撞击的实验参数

实验序号	h_f/mm	h_s/mm	V_f/(m·s^{-1})	$U_{f(\mathrm{HEL})}$/(m·s^{-1})	HEL/GPa	$\dot{\varepsilon}$/10^4 s^{-1}	U_{pt}/(m·s^{-1})	D_t/(m·s^{-1})	P/GPa
1	2	3	284	—	—	—	153	4 320	4.34
2	2	3	415	387.36	6.12	6.29	223	4 441	6.50
3	2	3	523	400.75	6.34	5.06	281	4 522	8.34
4	2	3	611	428.26	6.77	3.48	328	4 595	9.89

注：h_f：飞片厚度；h_s：样品厚度；V_f：飞片着靶的速度；$U_{f(\mathrm{HEL})}$：靶板中 HEL 处的自由表面粒子速度；HEL：Hugoniot 弹性极限；U_{pt}：靶板中波阵面后的粒子速度；D_t：冲击波在靶板中的传播速度；P：撞击压力。

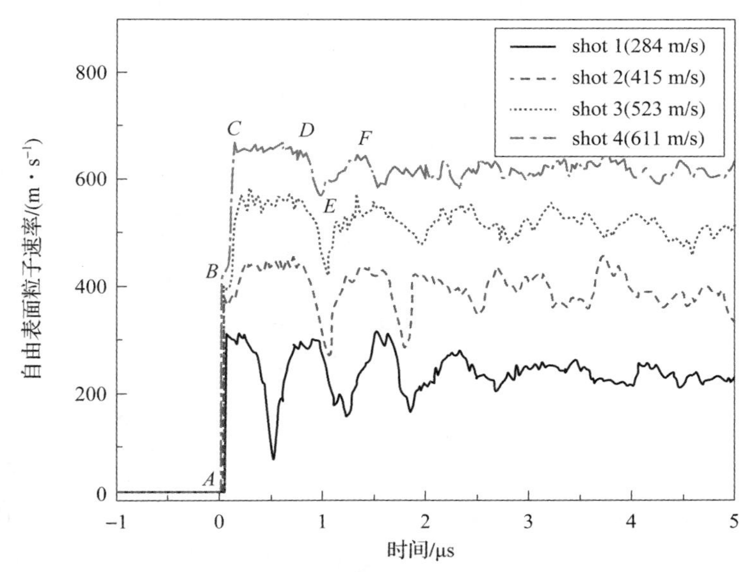

图 6.3　非晶合金在不同撞击速度下的自由表面粒子速率－时间曲线

（*O* 点），样品的碰撞面上同时产生了弹性波（*AB* 段）和塑性波（*BC* 段），紧随弹性先驱波，塑性波传过靶板，向样品的自由面传播。塑性波传播的过程使其自由表面速率－时间曲线持续上升直至进入 Hugoniot 状态，形成稳定的平台（*CD* 段）。飞片和靶板中的冲击压缩波在自由面上均会发生反射。当飞片自由面发射回的卸载稀疏波传入靶板内，会导致自由表面粒子速率的下降（*DE* 段）。当飞片自由面反射回的卸载稀疏波和靶板自由面反射回的卸载稀疏波在靶板内部相遇时，若产生的拉伸强度大于临界断裂强度，材料发生层裂破坏。随后，样品内部层裂面中压缩波到达靶板自由面，导致自由表面粒子速度的增加（*EF* 段）。

由于弹性波的波速为一维应变弹性纵波声速 C_L，塑性波的波速为冲击波波速 D，$C_L > D$，加载波阵面发生失稳分裂形成间断点（*B* 点），与间断点对应的应力值为该材料的 Hugoniot 弹性极限。HEL 的值可由式（6.6）计算[4]：

$$\text{HEL} = \rho_0 C_L U_{\text{HEL}} = \frac{1}{2}\rho_0 C_L U_{f(B)} \tag{6.6}$$

对 $Zr_{58}Cu_{12}Ni_{12}Al_{15}Nb_3$ BMG 来说，低的撞击速度 shot 1（284 m/s）下只有弹性波响应。在更高的撞击速度 shot 2（415 m/s）、shot 3（523 m/s）和 shot 4（611 m/s）下，获得了 HEL 的平均值为 6.41 GPa。

动态屈服强度可表示为[5]

$$Y_0 = \frac{1-2\nu}{1-\nu}\text{HEL} \tag{6.7}$$

式中，Y_0 是动态屈服强度；ν 是泊松比。$Zr_{58}Cu_{12}Ni_{12}Al_{15}Nb_3$ BMG 平板撞击下的动态屈服强度为 2.65 GPa。

平板撞击实验的应变率可由式（6.8）进行估算：

$$\dot{\varepsilon} \approx \frac{1}{2C_B} \frac{\mathrm{d}U_{fs}(t)}{\mathrm{d}t}\bigg|_{DE} \tag{6.8}$$

平板撞击实验的具体结果参见表6.2。

6.4 Hugoniot及物态方程参数的理论预估

在平板撞击实验中，冲击波压缩使材料的热力学状态由冲击波前的初始状态跃变为冲击波后的高压-高温状态。从同一初始状态出发、经过不同的冲击波压缩达到的终态的集合称为冲击绝热线。冲击绝热线的测量就是确定材料Hugoniot及物态方程参数的重要基础。原则上，冲击波后任意两个状态参量之间的关系都可以称为冲击绝热线。但由于冲击波后的压力、比容、比内能等物理量都可表示为冲击波波速和粒子速度的函数，所以一般以冲击波波速（D）和粒子速度（u）的方程式来描述冲击绝热线，可以简称为$D-u$线。所以，测量出$D-u$曲线，就可以得到Hugoniot及物态方程的相关参数。

对被测样品进行冲击绝热线测量之前，为了恰当地选择子弹速度、压力等试验条件，合理地进行样品设计、测点设计和测量仪器的量程选择，需要预先估算出样品材料的冲击绝热线及相关参数，以便实验的正常进行，同时，估算结果也可以与实验结果进行双向对比，作为验证手段之一。

预估材料$D-u$冲击绝热线的方法有：①通过测量材料常态下的热力学参数进行预估；②利用静压测量数据预估出高压下的冲击绝热线；③利用超声测量数据估算格临爱森系数等。

本书以讨论材料与结构设计中常用的混合物材料计算方法为主，以简单高效的叠加原理为基础，详细介绍一种混合物材料冲击绝热线的预估方法。混合物一般指由两种或两种以上组元组成，并且在冲击波压缩作用下，不发生化学反应的材料。常见的混合物有岩石、各种塑料黏结固体、碳化钨等。大部分合金也都可以看作简单混合物，因为金属键在冲击波压缩时发生的体积变化和能量变化要比离子键、共价键小得多。多孔材料也算是混合物的一种特例。所有混合物的物态方程都服从叠加原理，即在冲击压缩作用下，混合物内各组元之间的初始压力差，在压力扰动的快速传播中迅速达到压力平衡状态，使各组元最终处于同一压力之下。简单来说就是理想的混合物在冲击压缩下可以忽略各组元间的相互作用，冲击波后各组元之间会处于力学平衡和热平衡状态。以Marsh P等撰写的*LASL Shock Hugoniot Data*一书中统计的大量组元材料实验测量数据作为参考，根据混合物叠加原理，可以预估出任意混合物材料的冲击绝热线。

计算原理如下。

首先确认已经收集并统计完成的材料属性如表6.3所示，以ANTIMONY（锑）为例。

表6.3 混合物组元的Hugoniot及物态方程的参数统计情况

ANTIMONY（锑）						
序号	ρ_0/(g·cm^{-3})	D/(km·s^{-1})	u/(km·s^{-1})	P/GPa	V/(cm^3·g^{-1})	ρ/(g·cm^{-3})
1	6.677	3.166	0	0	0.149	6.677
…	…	…	…	…	…	…
n	6.700	3.590	0.989	23.78	0.108	9.248

确定主要的Hugoniot及物态方程的参数为：

ρ_0：材料初始密度；D：冲击波波速；u：粒子速率；P：靶内压力；ρ：材料密度；V_0：初始比容；V：比容；V/V_0：比容比。其中$V=1/\rho$。

对混合物及其组元的叠加方式进行举例，见表6.4。

表6.4 混合物质量百分比与 $D-u$ 曲线值的叠加原理

材料	混合物	组元1	组元2	组元…	组元n
质量百分比/%	后项求和=100	w_1	w_2	…	w_n
冲击波波速D/(km·s^{-1})	后项叠加得到D	D_1	D_2	…	D_n
粒子速率u/(km·s^{-1})	后项叠加得到u	u_1	u_2	…	u_n

表6.4中，关于冲击波波速的叠加公式为

$$\frac{V_0^2}{D^2} = \sum_{i=1}^{n} \frac{w_i V_{i0}^2}{D_i^2} \tag{6.9}$$

式中，V_0为混合物比容；V_{i0}为组元比容；D为混合物冲击波波速；D_i为组元冲击波波速；w_i为组元质量百分比。

关于粒子速率的叠加公式为

$$u^2 = \sum_{i=1}^{n} w_i u_i^2 \tag{6.10}$$

式中，u为混合物粒子速率；w_i为组元质量百分比；u_i为组元粒子速率。

由此，即可通过叠加原理预估出任意混合物的一系列D、u值，从而获取$D-u$冲击绝热线。

上文提到，得到了$D-u$冲击绝热线后，即可对大部分Hugoniot及物态方程的参数进行拟合与计算。现将可进行计算的所有参数及其计算公式统计如下，此处不再进行公式的推导。

$$D-u\text{ 线性关系式：}D=C_0+\lambda u \tag{6.11}$$

式中，D 为冲击波波速；C_0 为体积声速；λ 为材料常数；u 为粒子速率；在式（6.11）中，C_0 和 λ 由 n 组上述得到的 D 和 u 值拟合得到后取平均。

$$\text{混合物初始密度：}\rho_0=\frac{1}{\sum_{i=1}^{n}\frac{w_i}{\rho_{i0}}} \tag{6.12}$$

式中，ρ_0 为混合物密度；ρ_{i0} 为组元密度；w_i 为组元质量百分比。

$$\text{体积声速：}C_0^2=\frac{\left(\sum_{i=1}^{n}\frac{w_i}{\rho_{i0}}\right)^2}{\sum_{i=1}^{n}\frac{w_i}{(\rho_{i0}C_{i0})^2}} \tag{6.13}$$

式中，C_0 为混合物体积声速；C_{i0} 为组元体积声速；其他符号含义同上。

$$\text{材料常数(达麦)：}\lambda_{DM}=\frac{1}{2}\frac{\sum_{i=1}^{n}\frac{w_i}{\rho_{i0}}}{\sum_{i=1}^{n}\frac{w_i}{\rho_{i0}\gamma_{i0}}}+\frac{1}{2} \tag{6.14}$$

式中，λ_{DM} 为达麦材料常数；γ_{i0} 为组元格临爱森系数。

$$\text{材料常数（莱斯特）：}\lambda_S=\frac{1}{2}\frac{\sum_{i=1}^{n}\frac{w_i}{\rho_{i0}}}{\sum_{i=1}^{n}\frac{w_i}{\rho_{i0}\gamma_{i0}}}+\frac{1}{3} \tag{6.15}$$

式中，λ_S 为莱斯特材料常数。

$$\text{格临爱森常数：}\gamma_0=\frac{\sum_{i=1}^{n}\frac{w_i}{\rho_{i0}}}{\sum_{i=1}^{n}\frac{w_i}{\rho_{i0}\gamma_{i0}}} \tag{6.16}$$

式中，γ_0 为混合物格临爱森系数；γ_{i0} 为组元格临爱森系数。

$$\text{达麦公式：}\gamma_0=2\lambda_{DM}-1 \tag{6.17}$$

式中，γ_0 为混合物格临爱森系数；λ_{DM} 为达麦材料常数。

靶内压力、比内能、比容的拟合公式为

$$\rho(D-u)=\rho_0(D-u_0) \tag{6.18}$$

$$P-P_0=\rho_0(D-u_0)(u-u_0) \tag{6.19}$$

$$Pu-P_0u_0=\rho_0(D-u_0)\left[\left(E+\frac{u^2}{2}\right)-\left(E_0+\frac{u_0^2}{2}\right)\right] \tag{6.20}$$

式（6.18）~式（6.20）中，$u_0=0$；$P_0=0$；$E_0=0$；$V=1/\rho$；该公式中已知

D、u，拟合出 ρ、P、E、V 即可。

式中，ρ_0 为初始密度（为需要输入的值）；ρ 为密度；D 为冲击波波速；u 为粒子速率；P_0 为初始靶内压力；P 为靶内压力；E 为比内能；E_0 为初始比内能；

$$\text{比容比：}\frac{V}{V_0}=\frac{\rho_0}{\rho}=1-\frac{u}{D} \tag{6.21}$$

$$\text{体积应变：}\eta=1-\frac{V}{V_0}=\frac{u}{D} \tag{6.22}$$

式中，η 为体积应变。

上述共 14 个公式，涉及 16 个 Hugoniot 及物态方程参数，均可通过混合物叠加原理预估得到。基于混合物叠加原理与 640 种不同组元的参数，作者开发了《材料雨贡组及物态方程数据检索分析系统》，主要功能为对任意混合物材料的 Hugoniot 及物态方程参数实现检索和计算。通过录入材料的初始密度 ρ_0 和在一维平板撞击实验中测量的冲击波波速 D 及粒子速率 u，软件可以自动计算材料的 Hugoniot 参数并保存。软件同时具备计算不同组元配置下材料 Hugoniot 参数的功能。用户可自行设定组元构成和比例，得到所需材料的 Hugoniot 参数，同时实现各参数的对比与分析。本软件所建立的数据检索和计算平台，可以作为材料物态方程和动高压响应特性研究的辅助工具进行使用。

6.5　Hugoniot 物态方程

6.5.1　守恒方程

将一维应变平面冲击波看成是由物质流通过的波阵面，跨过该波阵面的物理量需要满足质量、动量和能量守恒定律。由此，假设一正冲击波以速率 D 沿着图 6.4 所示的方向传播。图中波阵面后方的物理量通过下角标 1 来表示，波阵面前方的物理量通过下角标 0 来表示，则满足以下三大守恒定律。

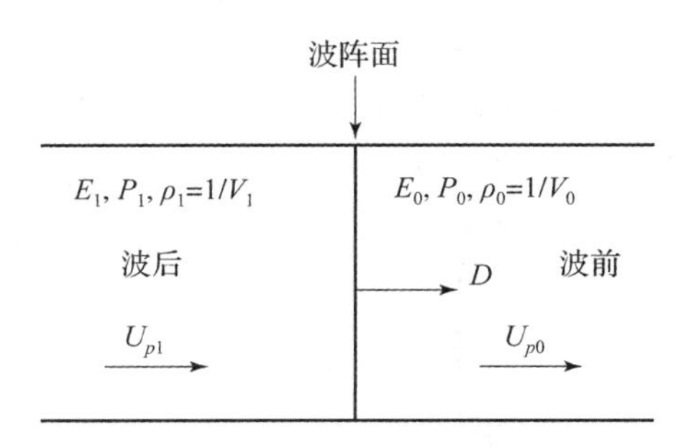

图 6.4　平面正冲击波示意图

（1）质量守恒：

$$\rho_0(D - U_{p0}) = \rho_1(D - U_{p1}) \tag{6.23}$$

（2）动量守恒：

$$P_1 - P_0 = \rho_0(D - U_{p0})(U_{p1} - U_{p0}) \tag{6.24}$$

（3）能量守恒：

$$P_1 U_{p1} - P_0 U_{p0} = \rho_0(D - U_{p0})\left[\left(E_1 + \frac{U_{p1}^2}{2}\right) - \left(E_0 + \frac{U_{p0}^2}{2}\right)\right] \tag{6.25}$$

式中，P 为压力；ρ 为密度；U_p 为粒子速度；E 为比内能；V 为密度的倒数，称为比容。式（6.23）~式（6.25）是基于守恒定律的描述平面正冲击波的基本方程组，也称为 Rankine – Hugoniot 关系或 Rankine – Hugoniot 守恒方程[2,6]。

波阵面前方初始未受扰动的状态，粒子速度 U_{p0} 和撞击压力 P_0 均为零，则上述守恒方程组可简化为

$$\frac{D}{D - U_{p1}} = \frac{\rho_1}{\rho_0} \tag{6.26}$$

$$P_1 = \rho_0 D U_{p1} \tag{6.27}$$

$$P_1 U_{p1} = \frac{1}{2}\rho_0 D U_{p1}^2 + \rho_0 D(E_1 - E_0) \tag{6.28}$$

通常将式（6.27）和式（6.28）中的 $\rho_0 D$ 称为冲击阻抗。

另外，式（6.25）可以进一步简化成更一般的形式：

$$\Delta E = E - E_0 = \frac{1}{2}(P + P_0)(V_0 - V) \tag{6.29}$$

式（6.29）被称为 Hugoniot 物态方程。

6.5.2 $D - U_p$ 型 Hugoniot 曲线

由三大守恒定律导出的 3 个基本方程组中，P_0、ρ_0（或 V_0）、U_{p0} 为已知参量，D、U_p、ρ（或 V）、P 及 E 为 5 个未知参量。除 3 个基本方程外，还需要联立其他附加的方程式确定 5 个未知参量中的任意两状态参量间的关系，此附加方程为材料的冲击 Hugoniot 曲线。Hugoniot 曲线常见有 $D - U_p$ 曲线和 $P - \mu$ 曲线。

对于同种材料，在相同冲击波波速 D 作用下得到的粒子速度 U_p 是唯一的[1]。当材料在冲击波作用下不发生相变或是化学反应时，冲击波波速 D 和粒子速度 U_p 服从线性关系[2]：

$$D = C_B + \lambda U_p \tag{6.30}$$

式中，C_B 为材料在常压下的体积波波速；λ 为拟合直线的斜率。对于已知材料的冲击 Hugoniot 参数通常可查阅得到，6.3 节所提及的实验例中铜飞片的冲击波波速 D 和粒子速度 U_p 为

$$D = 3\ 730 + 1.43U_p \tag{6.31}$$

拟合得到的铜的体积波波速为 3 730 m/s，与实验测得的数值 3 940 m/s 相差不大。

平板撞击测试实验中，利用已知的飞片材料撞击未知的靶板材料，撞击瞬间飞片和靶板的界面处满足速率连续条件（$V_f = U_f + U_t$）和压力连续条件（$P_f = P_t$）。根据自由面速度倍增定律，冲击波在固体中的传播所产生的波阵面后粒子速度是自由表面速度的一半[2]。通过实验测得的靶板自由表面速度，可以反推出靶板中波阵面后粒子速度 U_{pt}。已知飞片初始撞击速度 V_f，可得到飞片中波阵面后粒子速度 U_{pf}。已知铜飞片中的 $D-U_p$ 关系，即式（6.31），进而计算得到铜飞片中的冲击波波速 D_f，代入式（6.27）中，可得到铜飞片中撞击瞬间的压力 P_f。根据撞击界面处压力连续条件（$P_f = P_t$），即可得到待测靶板材料中的压力 P_t。已知靶板材料的密度 ρ_t 和波阵面后粒子速度 U_{pt}，根据式（6.27），即可反推求解得到待测靶板材料中的冲击波波速 D_t。由靶板材料的冲击波波速 D_t 和波阵面后粒子速度 U_{pt}，根据最小二乘法拟合二者线性关系，得到待测靶板材料的 $D-U_p$ 曲线。6.3 节所提及的实验例中，由此求解得到的非晶合金靶板中波阵面后的粒子速度 U_{pt} 和靶板的冲击波波速 D_t 列在表 6.2 中。根据所示数值，由最小二乘法进行线性拟合，如图 6.5 所示，获得 $Zr_{58}Cu_{12}Ni_{12}Al_{15}Nb_3$ BMG 的 $D-U_p$ 关系如下：

$$D = 4\ 086 + 1.556U_p \tag{6.32}$$

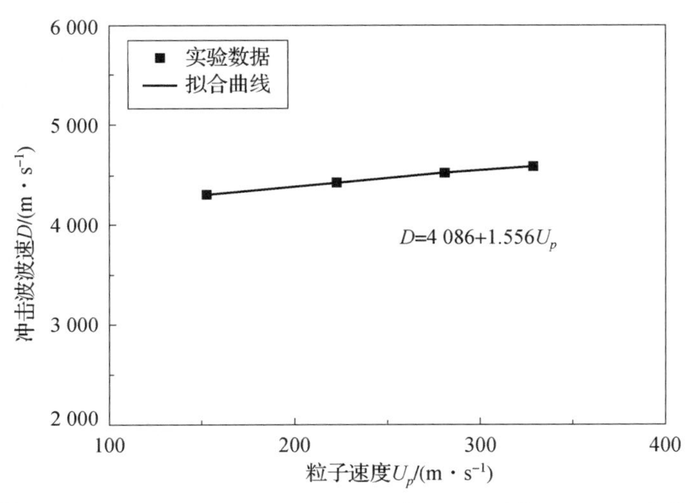

图 6.5　$Zr_{58}Cu_{12}Ni_{12}Al_{15}Nb_3$ BMG 的 $D-U_p$ 型 Hugoniot 曲线

其中校正系数 R^2 为 0.997 0，R^2 表示拟合结果的误差，越接近于 1，表示所拟合得到的结果越准确。所以，待测靶板材料的 $D-U_p$ 关系拟合较好，误差在可接受范围内。

由此获得待测靶板材料的冲击 Hugoniot 参数 $C_B = 4\ 086$ m/s，与实验所测的数值 4 104 m/s 差别不大；$\lambda = 1.556$。

6.5.3 $P-\mu$ 型 Hugoniot 曲线

在实际应用中，$P-\mu$ 型 Hugoniot 曲线的使用更为广泛。根据 6.5.2 小节中所获得的 $D-u$ 关系进行多项式数据拟合可以计算获得 $P-\mu$ 型 Hugoniot 曲线[7,8]。表 6.2 列出了 $Zr_{58}Cu_{12}Ni_{12}Al_{15}Nb_3$ BMG 平板撞击的实验结果，其中 U_{pt} 是靶板中波阵面后的粒子速度、D_t 是冲击波在靶板中的传播速度、P 是撞击压力。初始未受扰动的状态，粒子速度 U_{pt0}、冲击波波速 D_{t0} 和撞击压力 P_0 均为零，体积应变 μ 和压力 P 可通过式（6.33）和式（6.34）进行计算[9]。

$$\mu = \frac{\rho}{\rho_0} - 1 = \frac{U_{pt}}{D_t - U_{pt}} \tag{6.33}$$

$$P = \rho_0 D_t U_{pt} \tag{6.34}$$

通过式（6.33）和式（6.34）可得到（P，μ）试验数据点，如图 6.6 所示。当材料未发生损伤时，材料的状态方程可以表示为多项式的形式[1]：

$$P = K_1\mu + K_2\mu^2 + K_3\mu^3 \tag{6.35}$$

式中，K_1、K_2、K_3 是状态方程常数（K_1 为材料的体积模量）。利用最小二乘法，拟合（P，μ）关系曲线，获得了待测靶板材料的 $P-\mu$ 型 Hugoniot 曲线为：$P = 110.5\mu + 208.4\mu^2 + 359.3\mu^3$，如图 6.6 所示。$P-\mu$ 型 Hugoniot 曲线的最小二乘法的拟合校正系数 R^2 为 0.999 9，拟合出来的曲线与数据吻合较好，实验数据测量的误差在可接受范围内。因此材料压力模型常数 $K_1 = 110.5$ GPa，$K_2 = 208.4$ GPa，$K_3 = 359.3$ GPa。

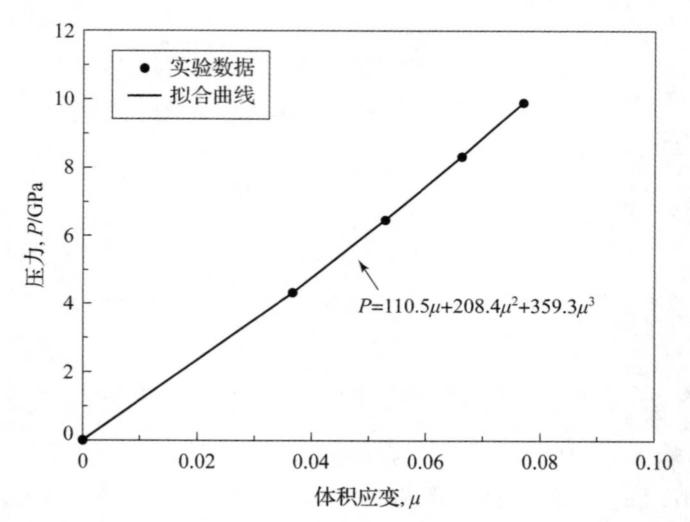

图 6.6 $Zr_{58}Cu_{12}Ni_{12}Al_{15}Nb_3$ BMG 的 $P-\mu$ 型 Hugoniot 曲线

参考文献

[1] 高玉波. TiB2 - B4C 复合材料动态力学性能及抗侵彻机理研究 [D]. 哈尔滨：哈尔滨工业大学，2016.

[2] 经福谦. 实验物态方程导引 [M]. 北京：科学出版社，1986.

[3] 任宇. 冲击波作用下钛合金微结构演化及其对层裂行为的影响规律研究 [D]. 北京：北京理工大学，2014.

[4] ANTOUN T, CURRAN D R, SEAMAN L, et al. Spall fracture [M]. New York: Springer Science & Business Media, 2003.

[5] FOWLES G R. Shock wave compression of hardened and annealed 2024 aluminum [J]. Journal of applied physics, 1961, 32 (8): 1475 - 1487.

[6] MEYERS M A. Dynamic behavior of materials [M]. Hoboken: John Wiley & Sons, Inc., 1994.

[7] JOHNSON G R, HOLMQUIST T J, SCHMIDT S C, et al. An improved computational constitutive model for brittle materials [J]. AIP conference proceedings, 1994, 309 (1): 981 - 984.

[8] HOLMQUIST T J, JOHNSON G R, LOPATIN C M, et al. High strain rate properties and constitutive modeling of glass [R]. United States, 1995.

[9] GAO Y, LI D, ZHANG W, et al. Constitutive modelling of the TiB2 - B4C composite by experiments, simulation and neutral network [J]. International journal of impact engineering, 2019, 132: 103310.

第7章

材料和结构抗侵彻测试技术

弹道冲击试验是装甲防护研究中最核心的动态加载与响应过程，具有鲜明的军事应用背景。本章所介绍的弹道试验技术，其目的是在多种工况条件下完成对材料或结构抗弹性能的评价。

实际战场中子弹种类繁多，按照实际应用背景，应选用合适的弹体威胁等级对所研究材料或结构进行抗弹性能评价。弹体威胁等级由以下4个变量决定：弹体质量、着靶速度、弹芯材料、弹头形状；国内研究中常见的弹体威胁包括7.62～14.5 mm口径枪弹、20～125 mm口径炮弹以及大型炮弹近距离爆炸产生的不同质量大小的破片；此外还有一些特殊应用背景下的特殊弹体，如爆炸成型弹丸（EFP，属于超高速碰撞）等。常见制式枪弹根据弹芯材料可分为铅芯弹、普通钢芯弹、穿甲钢芯弹、碳化钨芯穿甲弹；常见的穿甲炮弹为钨合金长杆弹；破片的种类多样，试验研究中多采用钢质破片模拟弹而非实弹。威胁等级与对应枪弹的介绍详见相关领域标准，常用的参考标准如下：NATOSTANAG 4569（北约标准协定4569）；NIJ 0101（美国司法学会标准0101）；GA 141 警用防弹衣。

7.1 DOP测试方法

7.1.1 相关概念及术语介绍

DOP（depth of penetration）测试是一种量化装甲材料（或结构单元，下文均统称为装甲材料）抗弹性能的试验方法。与测定弹道极限速度或测定弹道极限厚度这些直接评定抗弹性能的方法不同，DOP测试的核心思路是对比法，即将所测试材料与性能稳定的均质装甲材料进行对比。为实现量化，DOP测试通过穿透深度对弹体侵彻能力（或称威力）以及所测试材料的抗弹能力进行表征。

弹体的侵彻能力可以通过其在半无限厚均质装甲材料上的穿深（又称空白穿深）进行表征；半无限厚的含义是弹体侵彻后装甲背侧不会产生明显的背凸或裂纹

等现象；均质装甲材料一般选用通过技术鉴定的标准均质装甲钢，或其他性能稳定的均质塑性材料，如 2024 铝合金、45#钢等。通常，弹体的侵彻威力是已知的；如果未知，需要在 DOP 试验前补充测试。通过穿透深度及均质装甲材料的密度，可以计算出在半无限厚条件下弹体侵彻该材料时的穿透面密度（厚度与密度的乘积，单位 kg/m^2）。穿透面密度越低，反映材料的抗弹性能越好。

DOP 测试的重点是对“装甲材料 + 半无限厚均质装甲材料”这类试验靶板进行测试，获得弹体在装甲材料及均质装甲材料上的穿深。被测装甲材料为迎弹面层；半无限厚均质装甲材料在此处所起的作用为支撑面层，以及观察弹体穿透面层后的残余穿深。根据相同抗弹能力下被测材料与均质装甲材料的穿透面密度，便可以量化评估被测材料的抗弹性能。防护系数 n 定义为相同防护能力下均质装甲材料所需面密度与被测材料所需面密度之比，反映单位面密度的被测装甲材料的抗弹能力与面密度为 n 的均质装甲材料相当。下文将所测装甲材料简称为“面层”，半无限厚均质装甲材料简称为“支撑层”。如弹体穿透面层（示意图见图 7.1），则面层的抗弹能力等效于一定厚度的支撑层，该等效厚度（或等效穿深）等于空白穿深减去残余穿深，此时面层的防护系数按式（7.1）计算。如弹体未穿透面层，面层的防护系数按式（7.2）计算。根据 DOP 测试得到的穿深，还可以计算其他多种表征材料或结构抗弹性能的系数，详见相关标准。

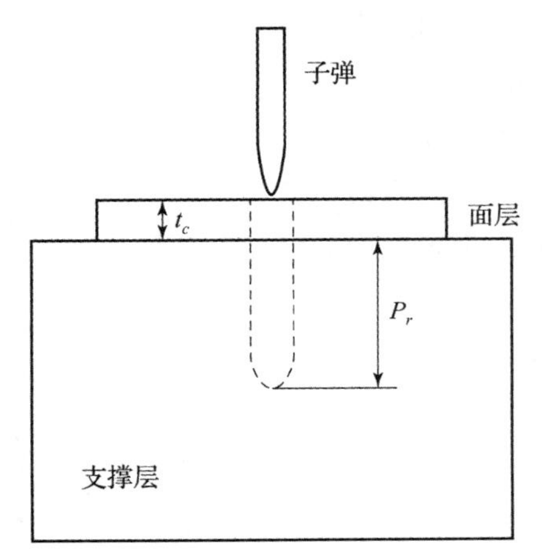

图 7.1　DOP 测试中试验靶板示意图

$$n = \frac{\rho_s \times (P_0 - P_r)}{\rho_c \times t_c} \tag{7.1}$$

式中，ρ_s 为支撑层材料的密度；ρ_c 为面层材料的密度；P_0 为空白穿深；P_r 为弹体穿透面层后在支撑层上的残余穿深；t_c 为面层厚度。

$$n = \frac{\rho_s \times P_0}{\rho_c \times t_r} \tag{7.2}$$

式中，t_r 为面层上的穿深。

7.1.2　试验要求

1. 试验靶板

取决于具体研究对象，面层可以是单一种材料，也可以是一种结构。面层的厚度理论上没有限制，对于金属材料，推荐其厚度大于弹体侵彻后穿深，即支撑层上无穿深（穿深为零）；对于陶瓷等脆性材料，因为难以得到弹体未穿透陶瓷层时的精确穿深，一般陶瓷厚度应满足弹体可以穿透陶瓷进而在塑性材料层上形成穿深。

面层与支撑层间的连接状态（如是否胶黏、表面质量等）一般与实际应用中状态一致。以陶瓷作为面层为例，往往面层与支撑层间存在胶黏，且胶层的厚度及粘接强度影响陶瓷的抗弹性能，因此，DOP测试中胶的选择以及厚度确定应参考实际应用中陶瓷与其支撑层的连接状态。而金属材料或其他延性良好的材料作为面层进行DOP测试时，通常不需要考虑其与支撑层是否胶黏，只需要保障二者的表面状态平整，贴合紧密即可。

试验靶板尺寸应满足最小尺寸要求，即得到的穿深结果应与大尺寸靶板所得结果相差不大，否则，应对试验靶板尺寸做出明确记录以示区别。针对7.62 mm及以下小口径弹体，通常试验靶板在弹道方向上的有效投影面积应大于100 mm×100 mm。

2. 试验设施与仪器

针对各类枪弹及模拟弹，一般选择室内靶道进行测试，靶距低于15 m以便于瞄准。靶道里布置弹道枪、测速系统、靶架及其他相关的监测设备，示意图如图7.2所示。

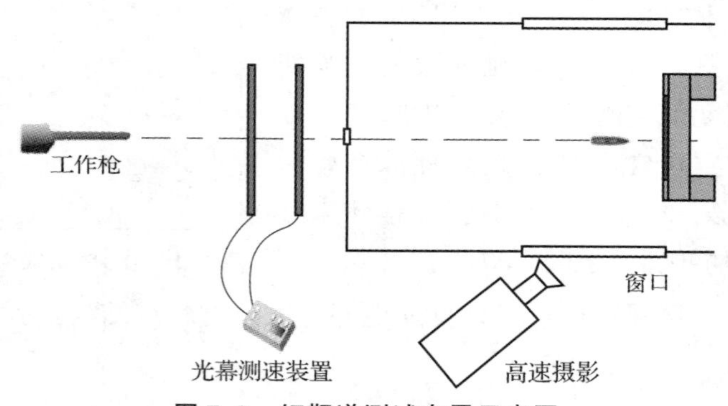

图7.2　短靶道测试布置示意图

测速系统包括红外光幕靶和计时仪，用于监测弹体着靶前速度，测速位置通常在靶前2 m。

靶架用于放置靶板，固定靶距，满足试验所需法线角（弹道方向与靶板法向间角度）要求，能承受住弹丸的冲击、振动，不应有位移和转动。试验靶板放置的法线角一般为0°或实际应用的角度。实际靶架应根据靶板尺寸进行配备，通过卡钳或其他固定装置将试验靶板紧固，使弹道枪口水平面与靶板中心点在同一水平面。

瞬态监测系统主要包括高速摄像系统、闪光X射线拍摄系统等，实现对弹体侵彻过程和其飞行姿态进行捕捉和分析。

需要注意的是，模拟弹以及短靶距（低于30 m）下制式弹的飞行姿态无法得到保障，实际测试中每发弹体的偏航角（或称俯仰角，即弹体轴线与速度方向间夹角）总在波动，使回收靶板中弹坑朝不同方向歪斜，此时推荐按照弹坑的轴线方向测量穿深。但当偏航角大于5°时（条件苛刻时3°），即使倾斜测量所得穿深依旧与小偏航角时偏差较大，甚至可能出现小偏航角时不会发生的弹体折断现象，此时测试结果应被舍弃或做好详细记录。

7.2　爆炸成型弹丸

7.2.1　EFP 简介

EFP 从结构上看是一种特殊的药型罩，与目标形成金属射流的小锥角药型罩的破甲弹不同，EFP 的药型罩锥角较大，甚至呈球形，这就导致其翻转时产生的变形比破甲弹的要小得多，不会产生足以融化罩体的高温，因此罩体是以固体形式飞出的。固态的弹体有助于 EFP 保存动能，使其足以在 100 倍罩径的距离上实现有效杀伤。EFP 弹体通常弹速在 1 500 ~ 3 000 m/s，在均质装甲钢上的穿深可达 0.5 ~ 1.5 倍罩径，材质为紫铜、钽或低碳钢。爆炸成型弹丸示意图如图 7.3 所示。

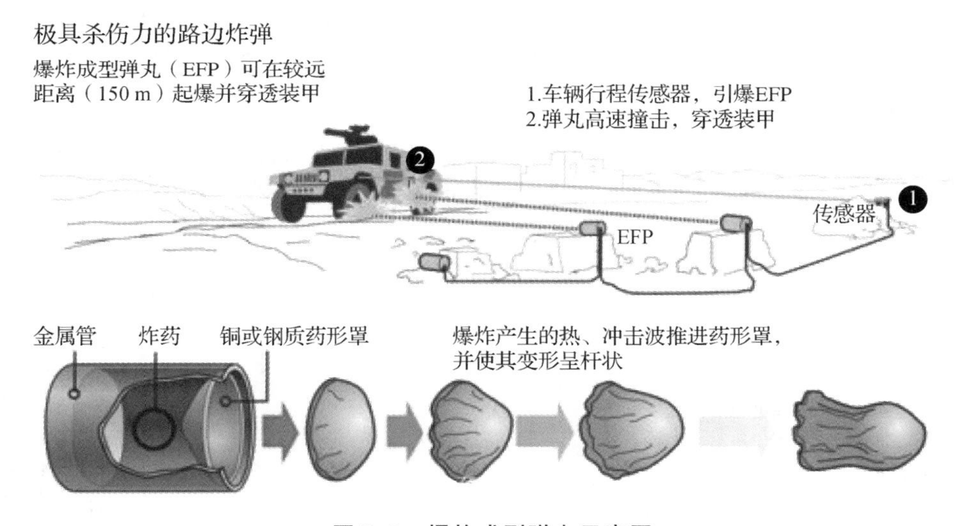

图 7.3　爆炸成型弹丸示意图

EFP 最初是作为反坦克掠飞攻顶弹出现的，但在伊拉克战争期间 EFP 作为 IED（简易爆炸装置，即路边炸弹）中最具杀伤力的武器，造成了美军大量伤亡，因此抗 EFP 目前也是轮式装甲车侧装甲的防护要求。由于这两个应用场景，EFP 的侵彻方向通常是装甲法线方向，或作为攻顶弹时会有不大于 30°的斜侵角度，如图 7.4 所示。

7.2.2　靶板设计

从实验所用 EFP 击穿天幕靶留下的穿孔尺寸看，弹体尺寸应为 30 ~ 35 mm，结合 DOP 实验中该型号 EFP 留下的 65 mm 直径的弹坑，可以初步推算靶板尺寸。

通常认为进行层叠结构设计时，靶板需满足二维半无限条件以规避边界效应所

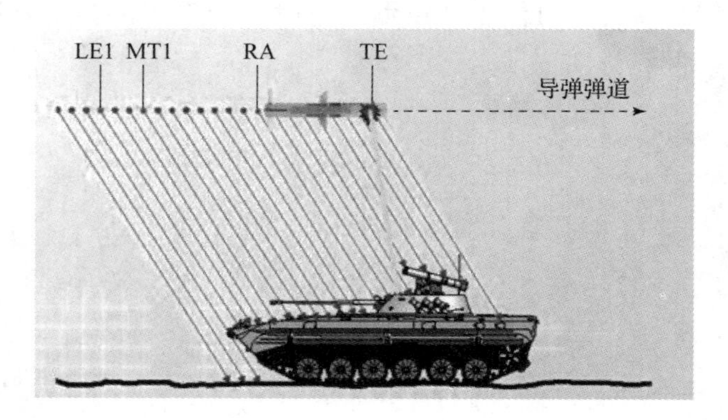

图 7.4 EFP 侵彻方向示意图

带来的影响，将影响因素局限在靶板厚度方向设计这一单一因素上。而满足这一条件的基本要求是靶板边距应距离弹坑边缘 5 倍弹径以上，故此类 EFP 的靶板二维尺寸为 $\phi65+2\times5\times32.5=\phi390$ mm。当 EFP 尺寸变化时，也应该通过类似的方式对靶板二位尺寸进行评估和修正。另外，为尽可能平衡结构内部单元材料之间的边界对防护过程产生的影响，结构内的单元材料（尤其是陶瓷）二维尺寸应在 1 倍弹径以上，或者在 1/2 弹径以下。

考虑到 EFP 弹体的实际应用场景，在试验结构设计中建议设置 8 ~ 10 mm 的基板钢（模拟实际应用中的车体），基板钢不与其余部分进行复合，尽可能呈现实际应用中披挂部分与基板之间的状态。披挂部分进行复合，建议对披挂部分进行整体封包，封包材料可以使用高性能纤维布或金属盒体，封包结构可以抵消一部分边界弱化，同时也可以有效降低靶板回收的难度。

7.2.3 场地布置

EFP 弹体威力较大，并且装药的铝合金的壳体在爆炸过程中会向四周高速飞行，同时由于靶距相对较近，弹体飞行时间极短，因此现有条件下无法对其进行高速摄像，也就无法判断弹体成型情况和着靶姿态。夹持装置也很难多次使用，因此常将靶板布置为无夹持的姿态迎弹。

靶距的设定是基于 EFP 形成的弹体形状并不规则，在飞行过程中其姿态和弹道也并不稳定，布置较远的靶距会导致脱靶概率增加，还需要通过增加靶板的尺寸来应对，因此从经济性角度考虑靶距越近越好。EFP 的完整成型会出现在 3 ~ 5 倍罩径处，此距离以上爆炸对弹体成型和加速的过程就会大幅减弱，因此靶板放置在距炮口 3 ~ 5 倍罩径（300 ~ 500 mm），并尽可能近的位置上，目前设置为 1.0 ~ 1.5 m，如图 7.5 所示。

图 7.5　场地布置

由于 EFP 弹体威力较大，并且装药的铝合金的壳体在爆炸过程中会向四周高速飞行，同时靶距相对较近，弹体飞行时间极短，通常无法对其进行高速摄像，也就无法判断弹体成型情况和着靶姿态。

试验现场不可穿露趾凉鞋或拖鞋，应穿着长袖、长裤并佩戴保护手套作业。火工品应远离试验场地放置，并由专人保管，火工品取用应有两人以上在现场操作。发射开始前，参试人员须进入掩体，安全员确认人员到齐后方可下令点火，点火后静待 1 min 以上方可进入现场查看。

7.2.4　误差分析

（1）由于靶距较近，靶板除了受到弹体侵彻作用之外，也会受到爆炸冲击波和高温的影响，因此回收的靶板材料的形貌特征往往无法真实反映侵彻过程中发生的变化；另外在这一试验条件下得到的防护结构在实际工况下存有一定量的安全余量。

（2）试验中靶板采用无夹持方式固定时，与披挂状态下有些差异，靶板的面内变形未加约束，这对其防护效果有影响。对陶瓷材料而言，缺乏面内约束对其防护效果的影响是负面的，而对高性能纤维材料而言，缺少面内约束对其防护效果的影响是正面的，因此缺少面内约束对靶板防护效果的影响需结合具体防护结构具体分析。

（3）由于现场布置中高速摄影、速度测量等装置缺少空间布置，所以关于弹体侵彻的速度测量、姿态观察和弹体质量转化等参数无法在一次测量中全部完成，可能会存在误差，需要多次测量确保数据可靠。

第8章

材料和结构抗爆性能测试技术

采用爆炸试验方式来研究材料或结构的抗爆性能能够较为真实地模拟结构服役时遭遇到的动态载荷。本章介绍爆轰波传递的基本规律，并对常见材料和结构抗爆性能的测试技术进行总结。

8.1 爆炸载荷的分类

爆炸现象是指一种极其迅速的物理或者化学的能量的释放，它在极其短的时间内，释放出大量能量，使周围介质的压力急剧升高。爆炸过程一般分为两个阶段，第一个阶段，物质中蕴藏的能量通过一定的方式（物理、化学方式等）转变为强烈的压缩能；第二个阶段，压缩能通过周围介质急剧向外膨胀，在膨胀过程中对外做功，造成其他物体的变形、位移和破坏。爆炸荷载依据炸药约束不同分为两大类：无约束爆炸与有约束爆炸[1]。

8.1.1 无约束爆炸

1. 自由空气爆炸

爆炸发生在邻近结构之上，在炸点与结构之间没有任何遮挡物，产生的爆炸冲击波在传播到结构之前没有任何的增强，如图8.1所示。

2. 空中爆炸

爆炸点在结构物表面的斜上方，冲击波在到达结构物表面之前首先经过地面反射，经过地面反射之后形成的反射波与初始的冲击波发生耦合后再作用在结构物上，如图8.2所示。

3. 地面爆炸

爆炸发生在地面或者地面附近，产生的初始爆炸冲击波被地面反射并加强形成反射冲击波。与空中爆炸不同，反射波与初始入射波在爆炸点上就汇聚成一个单一波，实质上与空中爆炸的马赫波相同但波为半球形，如图8.3所示。

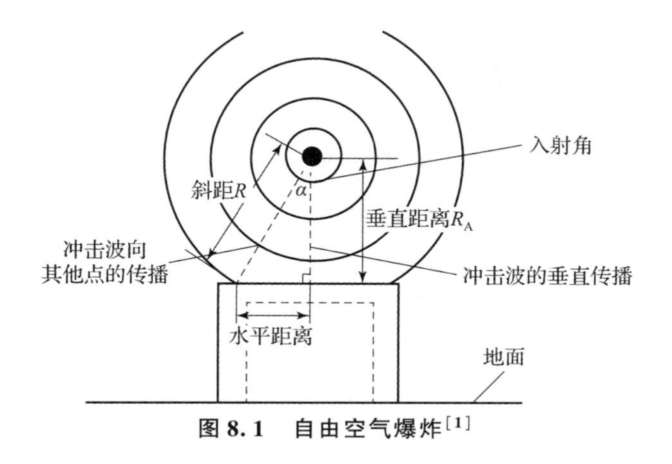

图 8.1　自由空气爆炸[1]

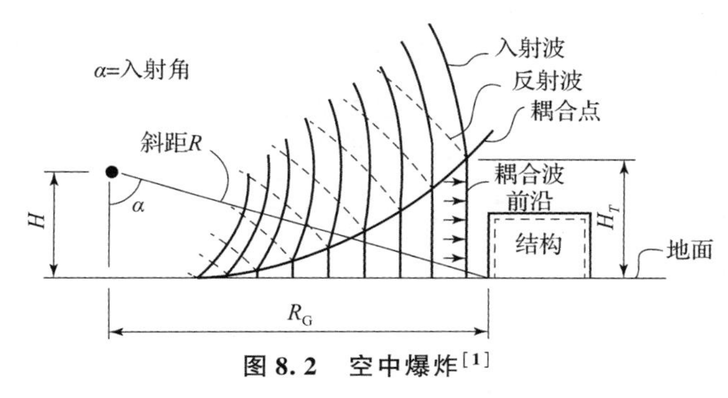

图 8.2　空中爆炸[1]

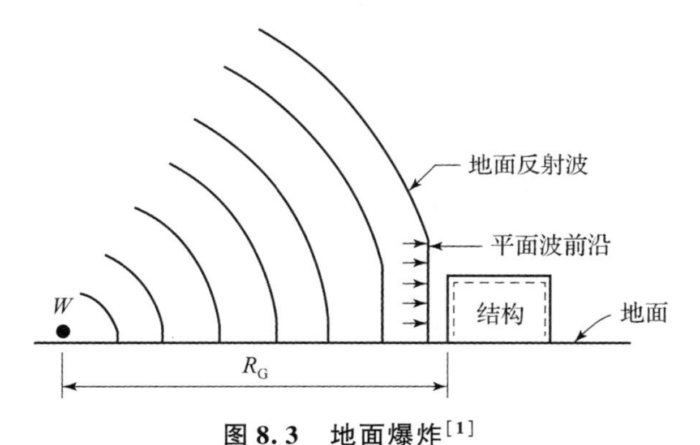

图 8.3　地面爆炸[1]

8.1.2　有约束爆炸

1. 开放式约束爆炸

爆炸发生在结构物的附近，这类爆炸所产生的冲击波在结构物表面发生反射而增强，随着爆轰的继续，高压冲击波通过结构物的自由面传播到空气中。

2. 部分约束爆炸

爆炸发生在出口有限的结构物内部，这类爆炸所产生的初始冲击波会在结构物的表面发生多次反射而增强，并且爆炸冲击波会在结构物内部形成较长一段时间的高压，在高压冲击波通过自由出口传播到外界空气时才会有所削弱。

3. 完全约束爆炸

这是在完全封闭的结构或者封闭的空间内所发生的爆炸。内部的爆炸荷载包括冲击荷载和持续时间非常长的近似准静态压力荷载，其中近似准静态压力荷载的大小与约束情况有关，可以描述为约束情况的某一函数。完全约束爆炸情况下，障碍物或者结构外部的泄漏压力值通常很小。

8.2 爆轰波理论模型

炸药在空气中爆炸时，炸药内的化学物质通过一系列的化学反应在极短的时间内释放出大量的化学能，转变为强烈的压缩能，使爆轰产物处于高温、高压的状态，这些高温高压气体会向外急剧膨胀，强烈压缩周围空气，使周围空气的温度和压力骤然升高，形成空气爆轰波。

爆炸产生的爆轰波的大小取决于炸距和爆炸物装药量。受爆轰波影响后，空间某点的压力可以用 Friedlander 公式表达[2]：

$$p(t)=p_{\max}\left(1-\frac{t}{t_d}\right)\exp\left(-b\frac{t}{t_d}\right) \tag{8.1}$$

由 Friedlander 公式表示的压力分布如图 8.4 所示[3]。

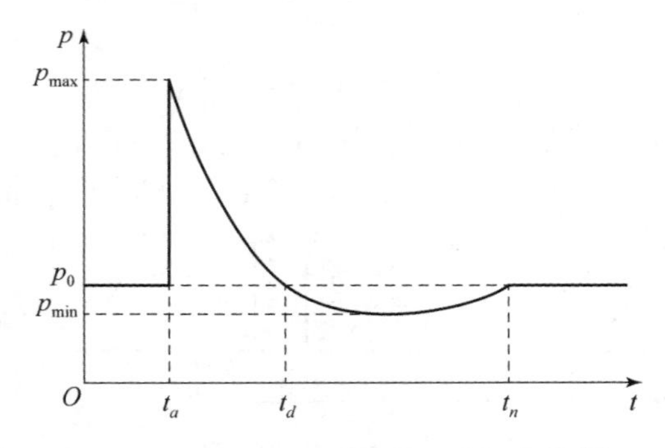

图 8.4 Friedlander 压力 – 时间曲线[3]

爆轰波的特性有以下几个方面。

（1）爆轰波到达空间点的时间 t_a，指起爆后爆轰波传播到某点的时间。

（2）正相持续时间 t_d，指达到参考压力的持续时间，之后爆轰波的压力会降低到参考压力以下，直至达到负相最大压力 $p_{\min}$，负相持续时长用 t_n 表示。

（3）比例距离 z。

$$z=\frac{D}{\sqrt[3]{w}} \tag{8.2}$$

式中，D 为研究点与起爆点的物理距离；w 为炸药的 TNT（三硝基甲苯）当量。

（4）压力峰值 $p_{\max}$。

许多研究给出了基于比例距离的球形爆炸物的压力峰值公式，其中亨利奇公式以大量试验为基础，应用比较广泛，可信度高[4]。由亨利奇公式计算的超压峰值为

$$p_{\max}=\begin{cases}\dfrac{1.40717}{Z}+\dfrac{0.55397}{Z^2}-\dfrac{0.03572}{Z^3}+\dfrac{0.000625}{Z^4}(0.05\leqslant Z<0.3)\\ \dfrac{0.61938}{Z}-\dfrac{0.03262}{Z^2}+\dfrac{0.21324}{Z^3}(0.3\leqslant Z<1)\\ \dfrac{0.0662}{Z}+\dfrac{0.405}{Z^2}+\dfrac{0.3288}{Z^3}(1\leqslant Z\leqslant 10)\end{cases}\tag{8.3}$$

（5）冲量 I，指时间内压力曲线对时间的积分，可以用式（8.4）表示[4]：

$$I=\frac{0.067\sqrt{1+(z/0.23)^4}}{z^2\sqrt[3]{1+(z/1.55)^4}}\tag{8.4}$$

（6）负压力相，对于比例距离大于 20 的情况，正压产生的冲量与负压产生的冲量在量值上非常接近，此时负相通常是不能忽略的。

（7）衰变系数 b，Kinney 和 Baker 采用正相的冲量计算了参数，如式（8.5）所示[5]：

$$b=5.2777\cdot z^{-1.1975}\tag{8.5}$$

（8）波速 u，根据 Rankine - Hugoniot 关系，Kinney 推导了爆轰波的传播速度：

$$u=c_0\left(1+\frac{\gamma+1}{2\gamma}\frac{p_{\max}}{p_0}\right)^{1/2}\tag{8.6}$$

式中，γ 为空气的比热容；c_0 为声速（331 m/s）；$p_{\max}$ 为压力峰值；p_0 为环境压力。

8.3　爆轰波破坏准则

爆炸使炸药中潜在的巨大化学能快速释放出来，产生的高温高压气体迅速向外膨胀，压缩周围介质，造成周围介质温度和压力骤然升高，这种温度与压力的突然变化即可造成周围介质中结构的破坏。爆炸荷载对结构的破坏是一个非常复杂的过程，结构在爆炸荷载作用下的破坏程度不仅与爆炸冲击波的特性（超压、作用时间、比冲量等）有关，还与结构自身的特性（形状、大小、自振周期等）以及某些随机因素有关。常见的破坏准则有三个：超压准则、冲量准则和超压 - 冲量准则[6]。

8.3.1　超压准则

超压准则认为，当作用在结构上的爆炸冲击波超压大于某一临界值时，结构才会被破坏，冲击波超压是否达到这个临界值是衡量结构是否破坏的唯一标准，而与冲击波作用时间无关。这一准则的优点是：爆炸冲击波超压在现有理论基础上很容

易估算，且在试验中容易测得。因此，尽管忽略了冲击波正压区作用时间对结构破坏的贡献，超压准则仍然是描述爆炸破坏效应最常用的准则。

该准则的适用范围：$t_d \geqslant 10T$（T 为目标的自振周期，t_d 为正压的作用时间）。在这个范围内，爆炸冲击波的峰值超压对结构的破坏起决定性的作用。

8.3.2 冲量准则

在某些情况下，冲击波对结构的破坏作用不仅和超压有关，还和冲击波作用时间有关，而冲量正是冲击波超压与作用时间的函数，因此冲量的大小就可以作为判断结构是否破坏的标准。

冲量准则认为，爆炸冲击波冲量对结构的破坏起决定性作用，如果作用在结构上的冲量大于某一临界值，那么结构就会被破坏。冲量准则的优点在于它同时考虑了超压与正压作用时间，相较于判断方式单一的超压准则更为全面和准确。但是冲量准则需要对应一个使结构破坏的最小超压，如果冲击波超压低于这一最小值，那么冲击波作用时间再长也不会使结构产生破坏，因此，仅仅考虑冲量作为衡量结构破坏的唯一标准也是不完全的。

该准则的适用范围：$t_d \leqslant T/4$。在这个范围内，结构的破坏主要决定于爆炸冲击波冲量。

8.3.3 超压－冲量准则

超压－冲量准则综合考虑了超压和冲量两个方面，这一准则认为结构的破坏是超压和冲量共同决定的，而不是单一地考虑某个因素。超压与冲量的共同作用可以用式（8.7）来表示。

$$(\Delta p - p_{cr})(I - I_{cr}) = C \tag{8.7}$$

式中，Δp 为冲击波超压，$\Delta p = p_{\max} - p_0$，$p_{cr}$是引起结构破坏的最小超压；$I$ 是作用在结构上的冲击波冲量；I_{cr}是结构被破坏的最小冲量；C 与目标性质和破坏等级有关，为常数。如果超压与冲量的共同作用大于某一临界值，那么结构就会被破坏。因为该准则同时考虑超压和冲量这两个爆炸参数，所以该准则是普遍适用的。

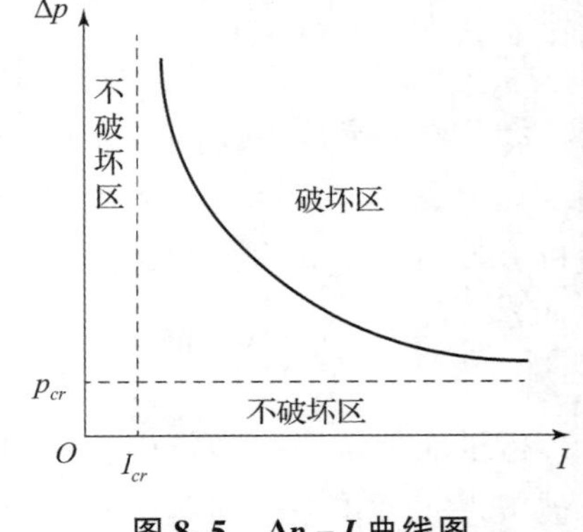

图 8.5　$\Delta p - I$ 曲线图

对应该准则，研究人员绘制出了结构的 $\Delta p - I$ 曲线图，如图 8.5 所示，根据该曲线图便能确定结构的破坏程度。当 $\Delta p < p_{cr}$或 $I < I_{cr}$时，结构不会被破坏，其余区域为结构破坏区，亦即 $\Delta p - I$ 平面；在 $\Delta p - I$ 平面上，式（8.7）代表一条等破坏曲线，这条曲线就对应一个破坏等级，该曲

线将该平面分为两个部分，当结构承受的爆炸荷载落在 $\Delta p-I$ 曲线左下方时，结构受到的破坏要低于该曲线对应的破坏程度，当结构承受的爆炸荷载落在 $\Delta p-I$ 曲线右上方时，结构受到的破坏要高于该曲线对应的破坏程度。一般情况下，$\Delta p-I$ 平面有多条 $\Delta p-I$ 曲线，每条曲线对应一个破坏等级，每条曲线之间的区域就对应一个破坏程度（范围），如轻度破坏、中度破坏、严重破坏等。这样，把作用到结构上的爆炸荷载投影到对应的区域中，就能预测结构的破坏程度。一般情况下，作用到结构上的爆炸荷载在 $\Delta p-I$ 平面上的投影点越靠近平面的右上方，结构所受到的破坏作用越大。

8.4　材料和结构抗爆性能测试

材料和结构的抗爆性能有两个主要的评价标准：第一，应减小或限制抗爆结构在冲击载荷下的最大挠度（Max$D$）。例如，步兵车辆地板受到地雷等爆炸装置作用发生大变形时会造成人员的伤亡。第二，抗爆结构应吸收尽可能多的能量（E_v）以减少传递到保护对象的能量。下面主要从试验研究的角度介绍几种常见的材料和结构抗爆性能测试技术。

8.4.1　测试方法

1. 自由空气中爆炸试验

1）试验装置

实验室测试材料和结构的抗爆轰性能以自由空气中的爆轰试验为主。参考 GJB 607A－98《金属材料及其焊件的爆炸试验方法》，自由空气中爆炸试验装置由固定装置、起爆装置、冲击波超压测试系统等组成，如图 8.6 所示[7]。起爆装置包括 TNT 圆柱形炸药饼、雷管、雷管座、导线等。

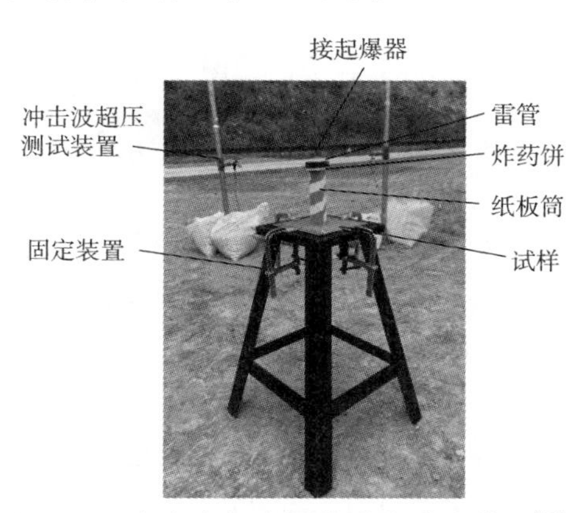

图 8.6　自由空气中爆炸冲击试验装置[7]

纸板筒：用硬纸板卷制，控制炸距。

炸药饼：可用 TNT 炸药制成圆饼。

依据《AEP－55 车辆装甲防护性能评价》第三卷《保护车辆乘员免遭反车辆地雷/IED 作用的测试方法》进行装甲车辆空中侧爆试验，试验装置如图 8.7 所示。试验装置由炸药、车辆侧壁、试验台和假人组成[8]。

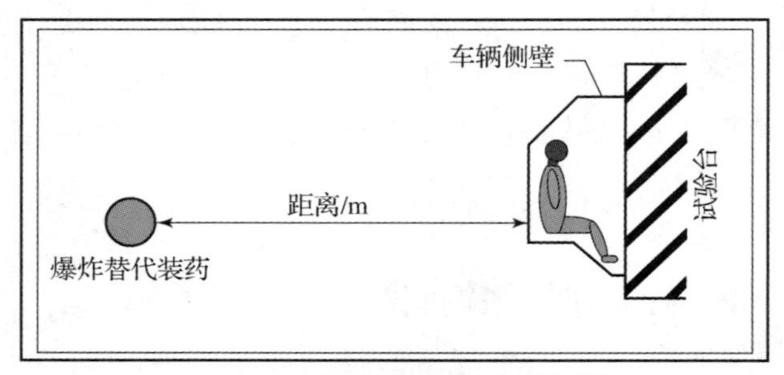

图 8.7　近距离爆炸测试装置[8]

2）典型案例

（1）蜂窝板抗爆性能测试。试验装置如图 8.8（a）所示，蜂窝板尺寸为 610 mm × 610 mm，蜂窝芯子高 51 mm，上下面板厚度为 5 mm。固定模具中心有 410 mm × 410 mm 方形孔，为靶板变形区。试验采用圆柱形 TNT 药柱，位于靶板中心，药量为 1 ~ 3 kg，炸距为 10 cm。图 8.8（b）为试验后的靶板形貌[9]。

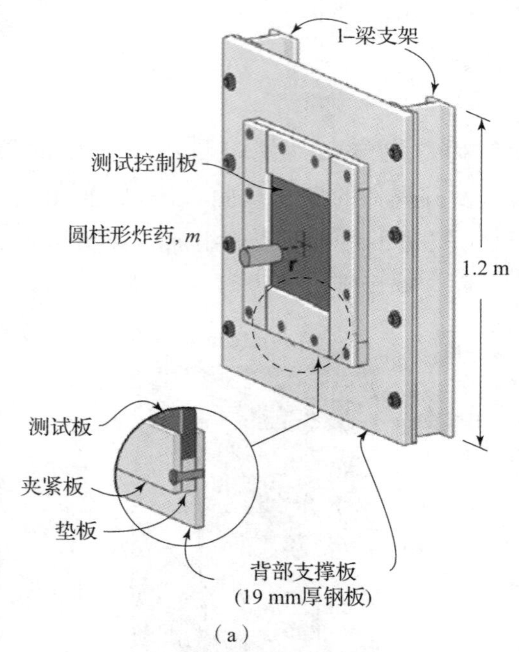

（a）

图 8.8　蜂窝板结构抗爆性能测试[9]

（a）试验装置

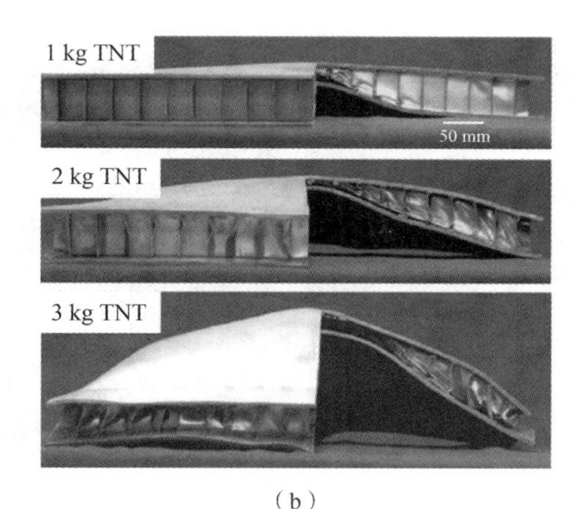

（b）

图 8.8　蜂窝板结构抗爆性能测试[9]（续）

（b）试验后的靶板形貌

（2）金字塔点阵结构抗爆性能测试。试验装置如图 8.9（a）所示，金字塔点阵板尺寸为 610 mm × 610 mm，芯子高度为 25 mm，上下面板厚度为 0.76 ~ 1.9 mm。固定模具中心有 410 mm × 410 mm 方形孔，为靶板变形区。试验采用球形 TNT 炸药，位于靶板中心，药量为 150 g，炸距为 7.5 ~ 20 cm。图 8.9（b）为面板厚度为 0.76 mm、炸距为 15 cm 试验后的靶板形貌[10]。图 8.10 为炸距对靶板变形程度的影响。

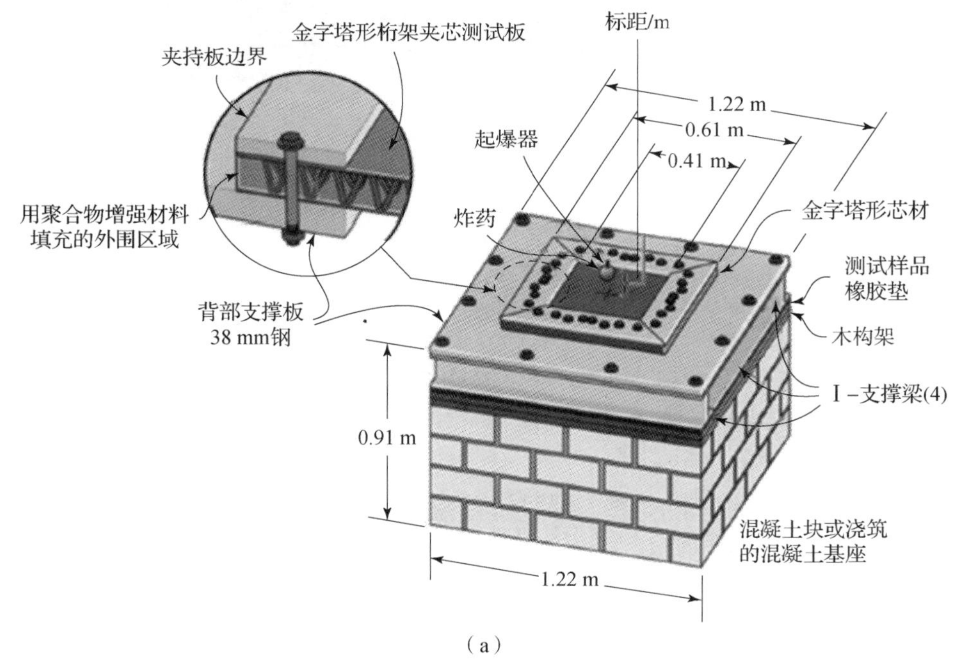

（a）

图 8.9　金字塔点阵结构抗爆性能测试[10]

（a）试验装置

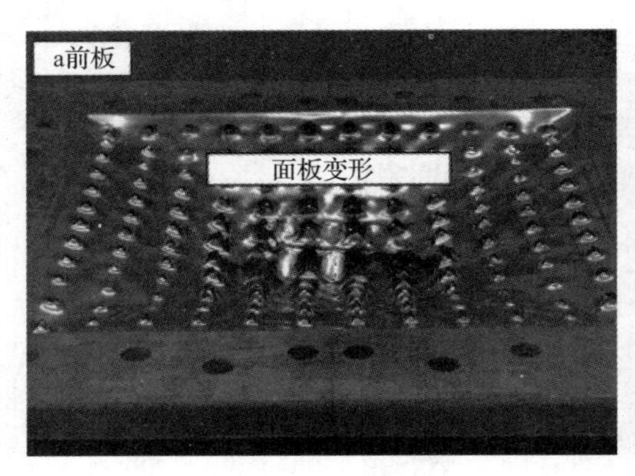

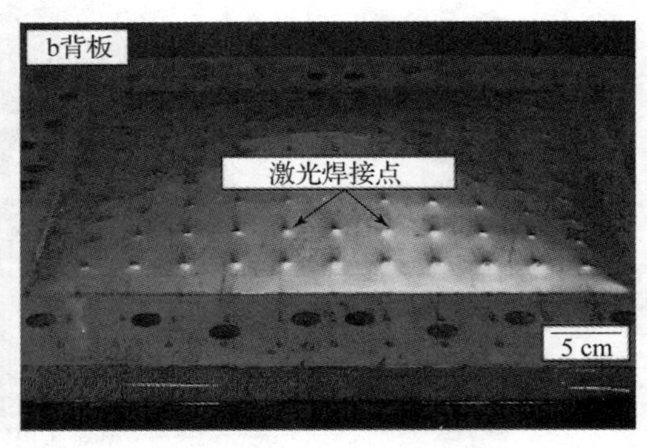

(b)

图 8.9　金字塔点阵结构抗爆性能测试[10]（续）

(b) 试验后的靶板形貌

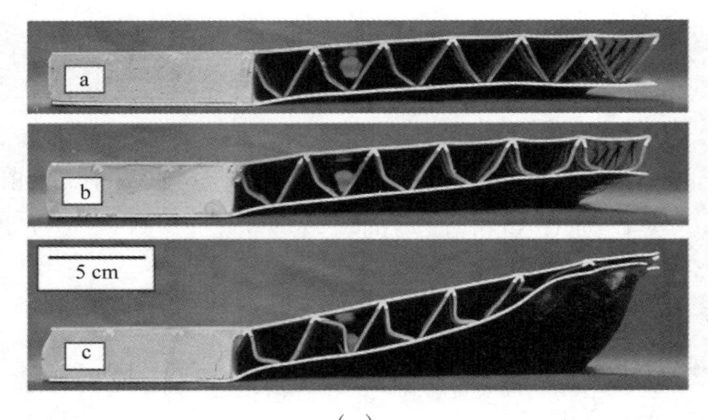

(a)

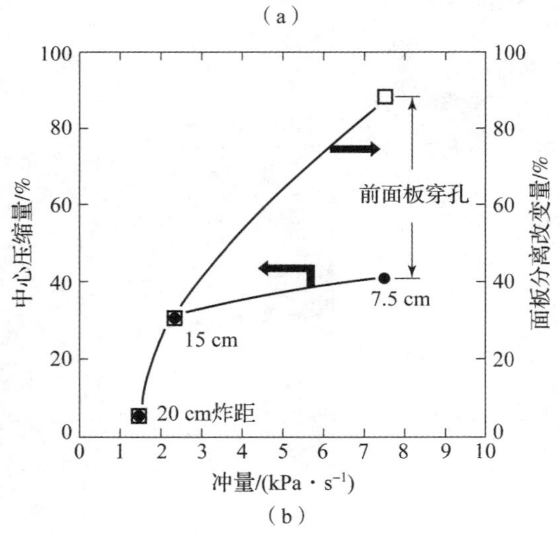

(b)

图 8.10　炸距对靶板变形程度的影响[10]

(a) 从上至下炸距分别为 20 cm、15 cm、7.5 cm；(b) 靶板变形

2. 土壤中爆炸试验

土壤中的爆炸试验是评估装甲车辆防地雷/IED 威胁的常用工程测试方法。参考《AEP-55 地雷爆炸威胁性能评价》第二卷《地雷爆炸威胁性能评价》中台架试验评估不同材料或结构的防爆性能，试验装置如图 8.11 所示。图 8.11 中钢板距离地面高度为 500 mm，在钢板上方放置有压载物，炸药位于钢板中心下方的饱和砂砾石中，炸药埋深为 100 mm。但是，浅埋爆炸载荷下，由于爆炸时间短、爆轰产物及砂砾的遮挡，难以观测砂砾与结构的相互作用。为了能够清晰地观察砂砾与结构之间的相互作用及结构的动态响应过程，可采用沙弹或泡沫金属弹丸模拟浅埋炸药引起的爆炸载荷[8]。

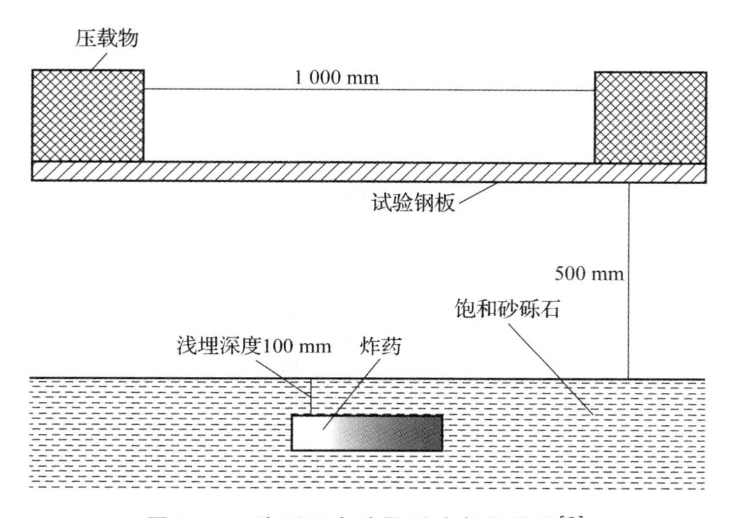

图 8.11　沙砾石中地雷测试参考装置[8]

8.4.2　压力传感器的使用

目前，冲击波压力测量方法主要为能够反映压力变化时程的电测法。常见的压力传感器主要有压阻式压力传感器（以下简称“压阻传感器”）和压电式压力传感器（以下简称“压电传感器”）[11-13]。压阻传感器拥有良好的低频特性，测量精度高，可靠性高，但目前高精度压阻传感器的工作性能易受温度以及水下环境的影响。压电传感器具有结构简单、测量精度和灵敏度较高、频率响应高、压力测量量程大、抗过载能力强、工作频带宽、信噪比高、工作可靠、重量轻等优点，可分为高阻抗输出型和低阻抗输出型，常用于动态压力测量系统[11,13,14]。如 Kietler603C 压电传感器具有高精度[15]、高阻抗、高频响等优势，其固有频率可达 500 kHz。高阻抗输出型压电传感器输出电荷值，需配置高阻抗输入电荷放大器[12,15,16]。由于爆炸场中测量点通常较多、输出电缆线较长，为减小由于测量系统共性问题引起的测量误差，较少使用高阻抗输出型压力传感器[12]。低阻抗输出型压电传感器亦称作集成电路压电（integrated circuits piezoelectric，ICP）传感器，在传感器内封装阻抗变换器以降低其输出阻抗，其输出电压值、灵敏度通常由生产厂家给定[15,17]。测试环境多变、输出电缆线较长以及传感器的长期使用均会引起压力传感器动态特性的变化，给测量带来严重误差[12,18]；在爆炸场中进行冲击波压力测试时，环境中存在热效应、机械冲击与振动等寄生效应，导致测得的冲击波信号产生畸变[12,15,19]。为抑制寄生效应，需要对传感器采取隔热隔振等抑制措施，然而改造后的传感器动态特性必然发生变化。因此，为获取其动态特性，需要对冲击波压力传感系统进行校准，并了解动态特性的变化规律。一般选择激波管对压力传感器进行动态校准[12,15]。另有研究发现，传感器的安装位置和安装角度对测试结果影响较大。随着安装角度的增大，测试误差增大，水平安装（传感器正对爆心水平安装）时测试值与实际值更接近。因此，应结合数值模拟对传感器的安装位置和安装角度进行校准。

1. 压电传感器

压电法是以某些电介质的压电效应为基础，在外力作用下，在电介质的表面产生电荷，从而实现非电量测量的一种方法[20,21]。压电法适合测量空气、介质和水中冲击波压力和加速度等参数[10-12]。压电传感器的主要测量方法有用于高压测量的方法（$p \geqslant 1$ GPa）：压电电流法；用于低压测量的方法：杆式压电压力传感器、膜片式压电压力传感器、自由场压电压力传感器的测量方法；用于振动冲击的加速度传感器等[22-24]。

对压电材料特性要求：

（1）转换性能：要求具有较大压电常数[25]；

（2）机械性能：压电元件作为受力元件，希望它的机械强度高、刚度大，以期获得宽的线性范围和高的固有振动频率[26]；

（3）电性能：希望具有高电阻率和大介电常数，以减弱外部分布电容的影响并获得良好的低频特性[27]；

（4）环境适应性强：温度和湿度稳定性要好，要求具有较高的居里点，获得较宽的工作温度范围[28]；

（5）时间稳定性：要求压电性能不随时间变化[25]。

常用的压电材料主要有三种类型。

（1）压电晶体（单晶）：石英、电气石[20]。

（2）压电陶瓷（多晶）：钛酸钡（$BaTiO_3$）、锆酸铅（$PbZrO_3$）、铌镁酸铅（$PbMgO_3$）、以锆钛酸铅固熔体为基体的压电陶瓷（PZT）、锆钛锡酸铅（ZTS）等[10]。

（3）有机压电材料：硫化钙（CaS）、硫化锌（ZnS）等压电半导体材料和聚偏氟乙烯（PVDF）、聚氯乙烯（PVC）等[20]。

1）测试原理

石英晶体是最常用的压电单晶材料，它的机械性能和电性能稳定，温度系数很小，适合不同温度下的压力测试，是天然的良好压电材料[29]。

图 8.12 中，X 轴经过正六边形的棱线，称为电轴，纵向；Y 轴垂直于正六面体棱面，称为机械轴，横向；Z 轴表示纵向轴，称为光轴。压电晶体切片，它的两个端面与 X 轴垂直，称切片方式为 X 切割。

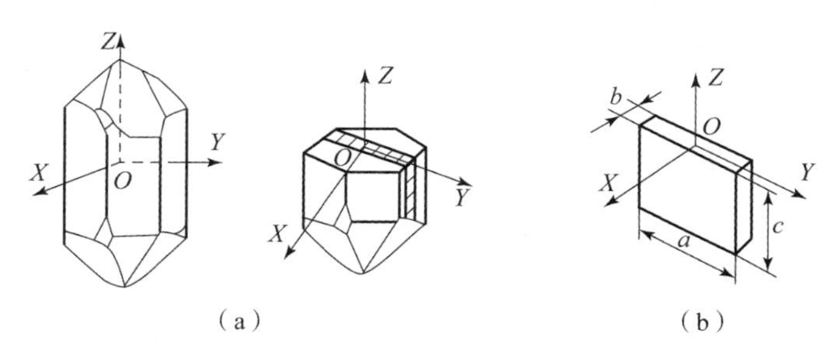

图 8.12　石英晶体及其切片[30]

(a) 石英晶体和切片方向；(b) 切片后的石英晶体结构

图 8.13 中，如果对压电片沿 X 轴施加压力（或拉力）F_x，则在与 X 轴垂直的端面产生电荷 Q_x，它的大小为[20,29]

$$Q_x = d_{11} F_x \tag{8.8}$$

式中，d_{11} 为 X 轴方向受力时的压电系数，q/N；F_x 为沿 X 轴施加压力（或拉力）。电荷 Q_x 的符号取决于 F_x 是压力还是拉力[20,31]。

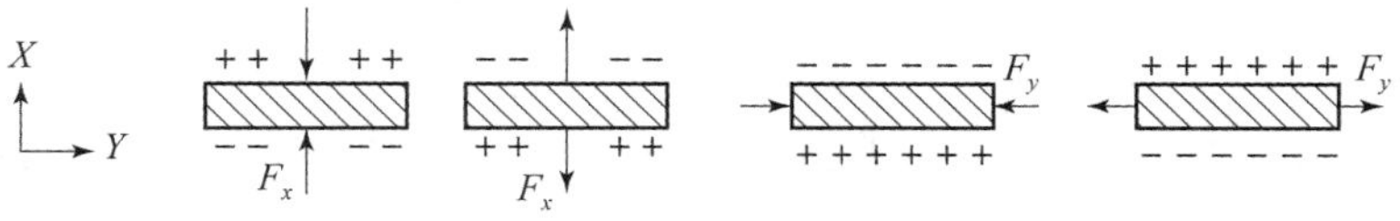

图 8.13　晶体切片受力与电荷分布[30,32]

如果在同一切片上沿 Y 轴方向施加力 F_y，其产生的电荷仍在与 X 轴垂直的平面上：

$$Q_y = \frac{a}{b} d_{12} F_y \tag{8.9}$$

式中，a、b 为晶体切片的长度和厚度，mm；d_{12} 为 Y 轴方向受力时的压电系数，q/N。由于石英晶体呈轴对称，因此 $d_{12} = -d_{11}$。负号说明沿 Y 轴的压力所产生的电荷极性与沿 X 轴的压力所引起的电荷极性是相反的[20,29]。

在压电传感器中，常采用两片或多片压电材料组合在一起使用。由于压电材料是有极性的，因此在连接上有并联和串联两种方法[20,29]。

如果有 n 个压电单元并联，则有

$$Q = nQ_i \qquad U = U_i \qquad C = nC_i \tag{8.10}$$

并联连接方法（图 8.14）输出电荷量大，本身电容也大，因此时间常数大，适合测量反应速度慢些的信号，并且适合以电荷作为输出量的场合[20,33]。

如果有 n 个压电单元串联，则有

$$Q = Q_i \qquad U = nU_i \qquad C = C_i/n \tag{8.11}$$

串联连接方法（图 8.15）输出电压高，自身电容小，适合用于以电压作为输出量及测量电路输入阻抗很高的场合[20,33]。

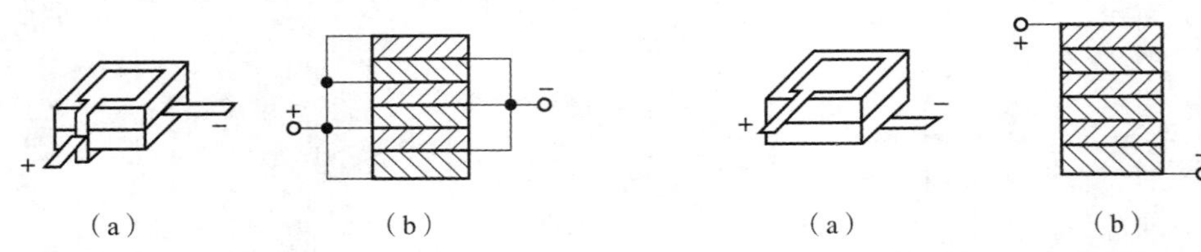

图 8.14　压电切片的并联连接方式

图 8.15　压电切片的串联连接方式

$$C = \frac{\varepsilon_r \varepsilon_0 A}{\delta} \tag{8.12}$$

式中，C 为压电传感器内部电容，F；ε_0 为真空介电常数，$\varepsilon_0 = 8.85 \times 10^{-12}$ F/m；ε_r 为压电材料相对节点常数；δ 为压电元件厚度，m；A 为电极极板面积，m^2。

2）压电传感器常用种类

（1）压杆式压电压力传感器。其可用于测量爆炸波在地面、壁面和结构物体上的扫射压力或反射压力。常见压杆式压电压力传感器压力量程 1 MPa～1 GPa，有效记录时间 10 μs～10 ms，响应时间 10～20 μs[20,34]。

带波速色散杆的压杆式压电压力传感器如图 8.16 所示。铅和铝的声阻抗十分接近，所以在波速色散杆的锥形界面上反射波极小，几乎全部透射；但铝的声速约为铅的声速的 5 倍，故弹性应力波在杆中传播时，波阵面上有两个传播速度，这必然会引起迅速色散，使应力波的强度减弱，从而削弱了反射波对入射波的干扰[20]。

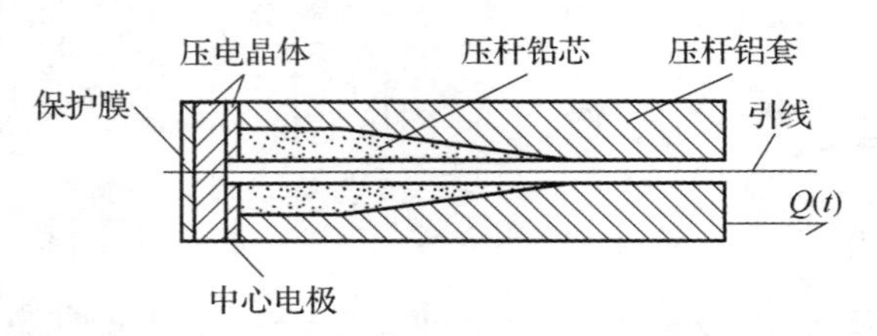

图 8.16　带波速色散杆的压杆式压电压力传感器

压杆式压电压力传感器的几种使用方法如图 8.17 所示。

传感器 1 和 2 的接受端面与爆轰波方向平行，属于掠入式，压杆 1 测量固定壁表面的压力，压杆 2 测量距壁面一定距离上的非壁面压力。传感器 3 和 4 的接受端面与爆轰波方向垂直，属于正入射，压杆 3 测量固定壁面的反射压力，压杆 4 开始测量总压力。

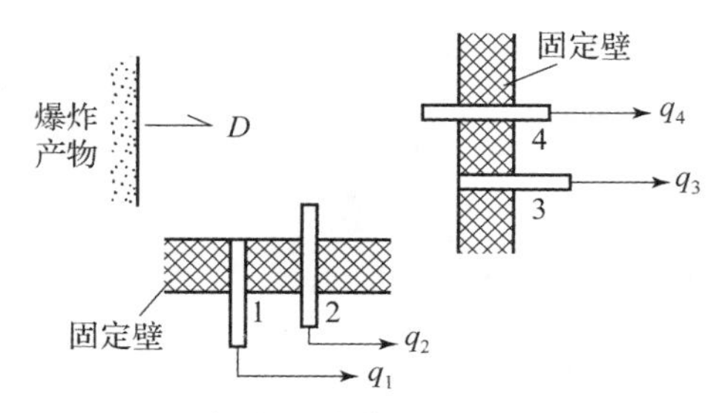

图 8.17　压杆式压力传感器的几种使用方法

（2）自由场压电压力传感器。YY2 自由场压电压力传感器结构示意图如图 8.18所示。自由场是指未受外界扰动的流场，在空中和水中的爆炸实验中，自由场压力的测量是一个重要内容。一种品质优良的自由场传感器必须满足以下几个要求[20]。

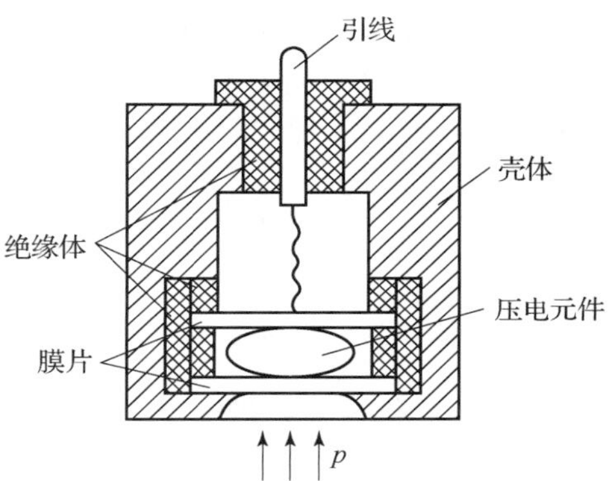

图 8.18　YY2 自由场压电压力传感器结构示意图[32]

①横截面接近流线型，保证对流场干扰小。

②灵敏度合适，以满足测压量程。

③上升时间快、线性好，以满足精度要求。

④信杂比高，过冲小。

⑤温度系数小或可以进行温度修正。

（3）压电式加速度传感器。CA－YD－103 型加速度传感器结构示意图和实物图分别如图 8.19 和图 8.20 所示，其典型参数如下：灵敏度（pC/ms^{-2}）：2；频率响应 ±10%（Hz）：0.5～12 k；最大工作加速度（ms^{-2}）：20 000；重量（g）：14；工作温度范围（℃）－20～＋120。

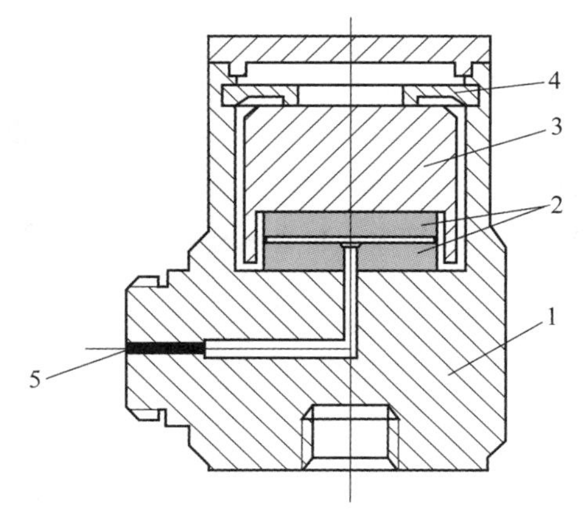

图 8.19　CA－YD－103 型加速度传感器结构示意图[35]

1—底座；2—压电元件；3—质量块；4—压簧或螺母；5—导线

图 8.20 CA－YD－103 型加速度传感器[36]

3）压电法测试系统

电荷放大测试系统等效电路图如图 8.21 所示。与压电传感器连接的前置放大器有两种形式。一种是电荷放大器，其输出电压与输入电荷成比例；另一种是电压放大器，亦称阻抗匹配器，其输出电压与输入电压成正比[20,29]。

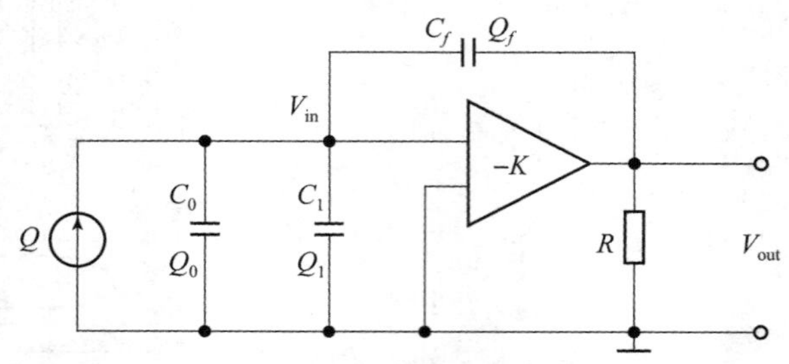

图 8.21 电荷放大测试系统等效电路图[32]

图 8.22 中输出电压 V_{out} 和电容之间的关系见式（8.13）~式（8.15）。

$$V_{out}=\frac{-kQ}{C_0+C_1+C_f(1+k)} \tag{8.13}$$

$$kC_f \gg C_0+C_1+C_f \tag{8.14}$$

$$V_{out}=-Q/C_f \tag{8.15}$$

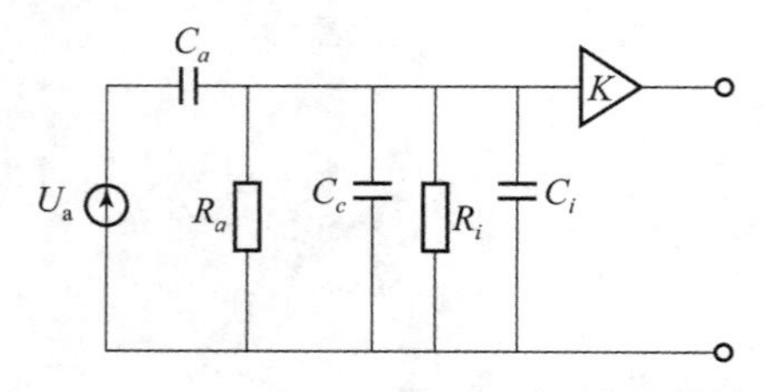

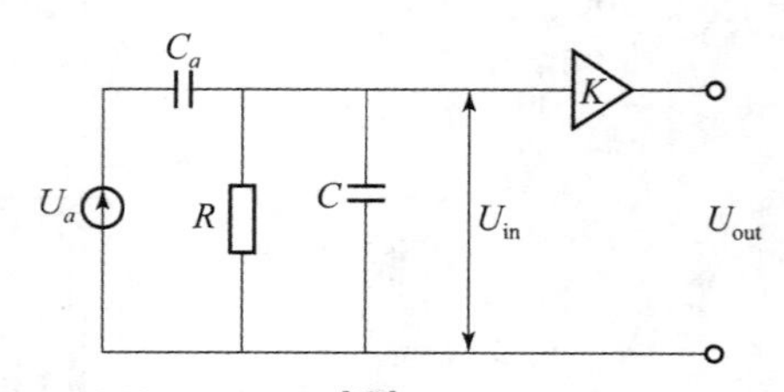

图 8.22 电压放大测试系统等效电路图[37]

这表明电缆电容 C_1 的影响很小，故电缆长度对电荷放大器影响不大[29]。

在采用电压放大器时，连接电缆不能太长，电缆越长，电缆电容越大，传感器的电压灵敏度就要迅速降低[29]。

传感器的电压灵敏度如下：

$$U_{in}=\frac{d_{11}F_m}{(C_a+C_c+C_i)} \tag{8.16}$$

4）压力传感器的标定

误差包括静态和动态两种，标定方法也有两种。

（1）静态压力标定。静态压力标定用于确定静态灵敏度、非线性、迟滞、重复性等静态指标。

（2）动态压力标定。动态压力标定主要有两方面内容，一是时间域内的指标，二是频率域内的指标。时间域内的指标有上升时间、峰值时间等参数；频率域内的指标则有通频带和工作频带等参量[20]。

动态压力源包括两大类型，一类是周期函数压力发生器，它包括活塞、振动台、转动阀门、凸轮控制喷嘴等类型，主要用来产生周期连续性波形，如正弦波等[29]。另一类是非周期函数压力发生器，它包括激波管、快速卸荷阀、落锤、爆膜装置等，主要用来产生一个快速单次压力信号，如阶跃信号、半正弦波等。应根据使用的传感器和被测信号的特征来选择标定使用的动态压力源[29]。

2. 压阻或应变传感器

20 世纪 60 年代，一些研究人员把锰铜丝嵌入 C－7 树脂圆盘中制成动高压传感器后，使锰铜压阻法发展成测量动态压力的传感器。20 世纪 70 年代，出现了采用集成电路制作压阻计和应变计技术，制成智能压阻计和应变计。对于爆炸压力峰值测试，由于破坏作用的影响，目前仍采用结构最简单的压阻计。目前应用较多的压阻传感器和应变传感器大多由锰铜、康铜、半导体制成[20]。锰铜压阻传感器特点如下[30]。

（1）温度系数低。

（2）电阻变化与冲击波压力之间呈线性关系。

（3）在动态压力下，该材料不出现相变。

用于爆炸参数测量的压阻传感器和应变传感器应具备以下特点[20]。

（1）温度系数尽量低。因为爆炸温度高，影响严重。

（2）电阻变化与冲击波压力之间呈线性关系。

（3）精度高，测量范围广。

（4）使用寿命长，性能稳定可靠。

（5）金属材料制作的压阻和应变元件结构简单，尺寸小。

（6）频率响应高。

（7）可在高温、高速、高压和强烈振动等恶劣环境下正常工作。

压阻法或应变法是利用金属导体或半导体材料在受到外界压力或应力作用时，其电阻发生变化的特点，进行压力测试的一种方法。金属导体或半导体材料的电阻率随压力或应力变化的这一特征称为压阻效应[20,29,38]。但应特别注意负压损伤传感器。金属导体、半导体在外力作用下产生应变时，其电阻值发生变化的现象，称为应变效应。应变法和压阻法的工作原理如下[39]。

1）金属或半导体[30,39]

$$R=\rho\frac{L}{A} \tag{8.17}$$

式中，R 为导电丝电阻，Ω；L 为导电丝长度，m；A 为导电丝截面积，m^2；ρ 为导电丝材料电阻率，Ω×m。

当导电丝受力作用后，其长度、截面积和电阻系数相应变化为 $d\rho$、dL、dA，因而引起电阻变化为 dR。对式（8.18）微分可得

$$dR=\frac{\rho}{A}dL-\frac{\rho L}{a^2}dA+\frac{L}{A}d\rho$$

则

$$\frac{dR}{R}=\frac{dL}{L}-\frac{dA}{A}+\frac{d\rho}{\rho} \tag{8.18}$$

对于半径为 r 的导电丝有

$$A=\pi r^2 \qquad dA=2\pi r dr \qquad \frac{dA}{A}=2\frac{dr}{r} \tag{8.19}$$

导电丝轴向的相对伸长 dL/L 与径向相对缩短 dr/r 两者的关系可表示为

$$\frac{dr}{r}=-u\frac{dL}{L} \tag{8.20}$$

将式（8.18）、式（8.19）代入式（8.20），并以增量表示，可得

$$\frac{\Delta R}{R}=(1+2\mu)\frac{\Delta L}{L}+\frac{\Delta\rho}{\rho} \tag{8.21}$$

经整理后得

$$\frac{\Delta R}{R}=\left(1+2\mu+\frac{L\Delta\rho}{\rho\Delta L}\right)\frac{\Delta L}{L}=K\varepsilon \tag{8.22}$$

$$K=1+2\mu+\frac{\Delta\rho}{\rho\varepsilon}=\frac{\Delta R}{R\varepsilon} \tag{8.23}$$

式（8.23）是单根导电丝的灵敏度系数。影响因素有两个：①导电丝几何尺寸的变化，用 $1+2\mu$ 表示；②导电丝电阻率的变化，用 $\frac{\Delta\rho}{\rho\varepsilon}$ 表示。

引入

$$\frac{\Delta\rho}{\rho}=\pi\sigma \tag{8.24}$$

式中，$\sigma=E\varepsilon$，π 为压阻系数。

改写式（8.22）、式（8.23）可得

$$\frac{\Delta R}{R}=(1+2\mu+\pi E)\varepsilon \tag{8.25}$$

$$K=(1+2\mu+\pi E) \tag{8.26}$$

对金属来说，πE 很小；对半导体来说，πE 比 $1+2\mu$ 大得多，实际使用中 $1+$

2μ 可忽略不计。

常用金属合金性能参数如表 8.1 所示。各金属合金在动态下的最高使用温度均高于静态下的最高使用温度。

表 8.1　常用金属合金性能参数[39]

名称	成分	灵敏度系数 K	电阻率系数 $\rho/(\Omega\cdot m^{-1})$	电阻温度系数 $10^{-6}/℃^{-1}$	最高使用温度 t/℃
康铜	Cu 55% Ni 45%	1.9～2.1	0.45～0.52	±20	300（静态） 400（动态）
镍铬合金	Ni 80% Cr 45%	2.1～2.3	0.90～1.10	110～130	450（静态） 800（动态）
镍铬铝合金（卡玛合金）	Ni 74% Cr 20% Al 3% Fe 3%	2.4～2.6	1.24～1.42	±20	450（静态） 800（动态）

另外，南京理工大学的付敬奇提出了一种将低压传感器改造成高压传感器的方法。他利用高强度合金膜片作为初始敏感元件来承受被测压力，再利用可压缩的硅油将压力传递到压阻敏感元件上，从而实现了用低量程的压阻元件制作超高压力传感器[40]。

2）锰铜压阻计[39]

$$\rho=\rho_0+\rho_p+\rho_T=\rho_0(1+k_b p+\alpha T) \tag{8.27}$$

ρ_0为常温常压下的电阻率，Ω · m；k_b为锰铜压阻灵敏系数，1/GPa；p 为外界压力，GPa；α 为温度系数，1/℃；T 为外界温度，℃。

因其温度系数很小，式（8.27）可简化为

$$\rho=\rho_0(1+\mathrm{k}_b p) \tag{8.28}$$

进一步，有

$$\frac{\Delta R}{R_0}=\frac{\Delta\rho}{\rho_0}=k_b p \tag{8.29}$$

式（8.29）可表示为

$$p=f\left(\frac{\Delta R}{R_0}\right) \tag{8.30}$$

$$p=\alpha_0+\alpha_1\left(\frac{\Delta R}{R_0}\right)+\alpha_2\left(\frac{\Delta R}{R_0}\right)^2+\alpha_3\left(\frac{\Delta R}{R_0}\right)^3 \tag{8.31}$$

在试验中，为了测试方便，可以将测量电阻变化率转化为测量电压变化率，只要采用恒流电源，使通过锰铜传感器的工作电流不变，就可以实现这种转化：

$$\frac{\Delta U}{U}=\frac{\Delta RI}{R_0 I}=\frac{\Delta R}{R_0} \tag{8.32}$$

用示波器测出$\frac{\Delta U}{U}$就相当于测出了电阻变化率$\frac{\Delta R}{R_0}$：

$$k_b p = \frac{\Delta U}{U} \tag{8.33}$$

3）压阻计和应变电阻结构[39]

（1）压阻计结构。压阻计从结构上可分为丝式（图 8.23）和箔式（图 8.24）两种，从阻值上又可分为高阻和低阻两类。炸药、起爆药等爆炸压力的测试，主要采用低阻值的压阻计，这样可以将压阻计敏感部分做得很小，使压力测试更准确。火药、冲击过程和烟火药等燃烧、冲击压力的测试，可采用高阻值的压阻计。

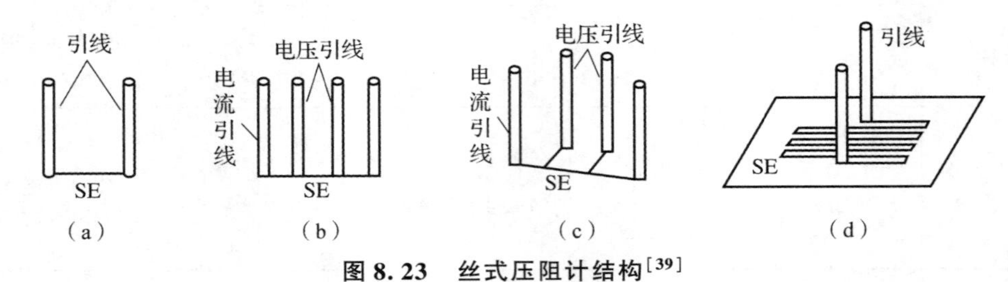

图 8.23　丝式压阻计结构[39]

（a）二端口网络 1；（b）四端口网络 1；（c）四端口网络 2；（d）二端口网络 2

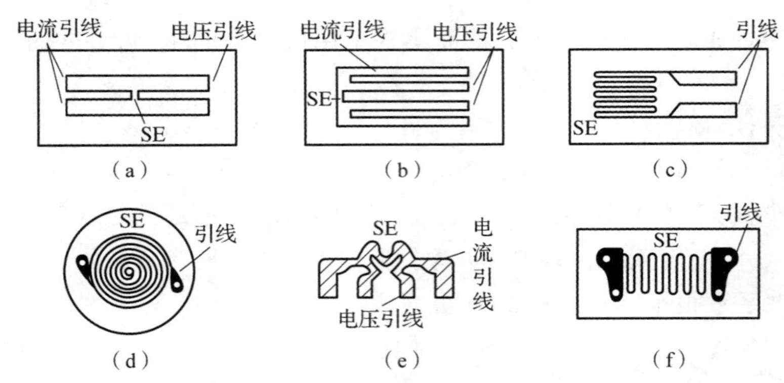

图 8.24　箔式压阻计结构[39]

（a）H 形压阻计，SE 短；（b）π 形压阻计，SE 短；（c）U 形压阻计，SE 短；
（d）H 形压阻计，SE 长；（e）π 形压阻计，SE 长；（f）U 形压阻计，SE 长

图 8.23 中，（a）、（d）为二端口网络，引线负责供电和传输信号；（b）、（c）为四端口网络，内引线输出电压信号，外引线提供电流。图 8.23 中，（a）~（c）是低阻元件，（d）是高阻元件。

图 8.24 中，（a）是 H 形压阻计、（b）是 π 形压阻计、（e）是 U 形压阻计，它们的 SE 很短，属于低阻锰铜计，阻值多在 2 Ω 左右，电流引线和电压引线分开；图中（c）、（d）、（f）的 SE 较长，电阻多在几个欧姆至几百个欧姆，属于高阻锰铜计。常见压阻传感器实物如图 8.25 所示，锰铜压阻传感器敏感元件放大图像如图 8.26 所示。锰铜计的结构特点如下。

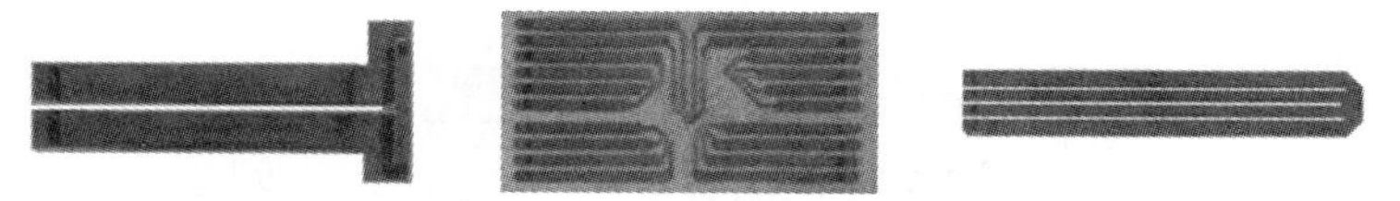

图 8.25　常见压阻传感器实物图[39]

图 8.26　锰铜压阻传感器敏感元件放大图像[39]

①丝式锰铜计选用的锰铜丝直径一般在 0.02 mm。

②锰铜箔的厚度为 0.1 ~ 0.2 mm。

③引出线是直径为 1 mm 的铜丝或镁丝。

④采用环氧树脂固定丝式锰铜计，用 C – 7 树胶封装。

（2）应变电阻结构。电阻应变计主要有三种结构形式：丝式、箔式、薄膜式。

图 8.27（a）所示是 U 字形结构，它也可以做成 V 字形和 H 形结构。图 8.27（b）是应变计的基本组成，一般包括基片、电阻丝、覆盖层和引线。电阻丝的直径在 0.02 ~ 0.05 mm，电阻值在 50 ~ 1 000 Ω。

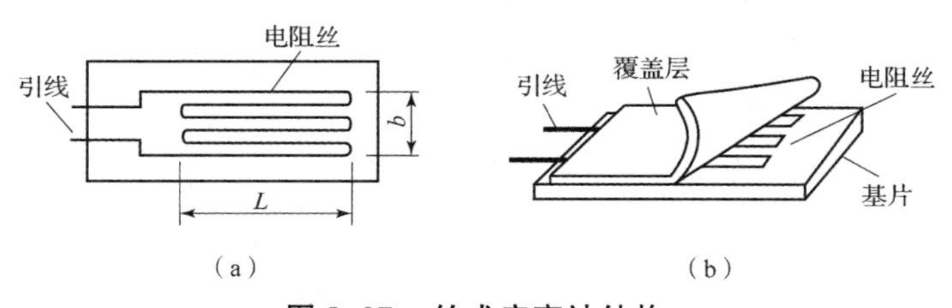

图 8.27　丝式应变计结构

（a）U 字形结构；（b）应变计的基本组成[32,39]

箔式应变计结构如图 8.28 所示，其敏感栅是采用光刻、腐蚀等工艺制成，箔厚度为 0.003 ~ 0.01 mm。薄膜式应变计结构如图 8.29 所示，是采用真空溅射或沉积方法而制成，金属膜的厚度在 0.1 μm 以下，可做成任意形状，适合大批量生产，具有逐步代替金属丝式应变计的趋势。

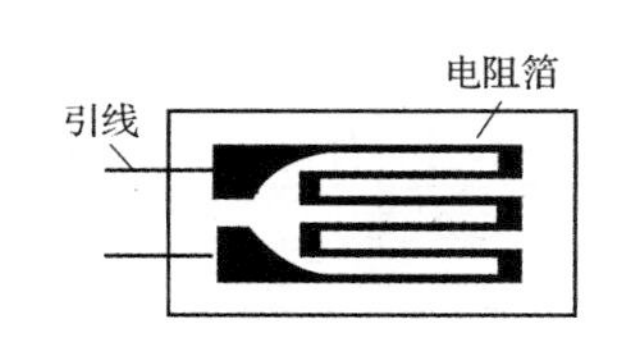

图 8.28　箔式应变计结构[39]

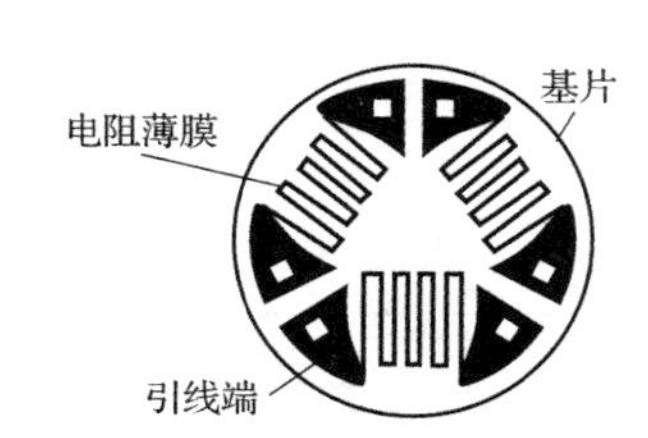

图 8.29　薄膜式应变计结构[39]

半导体压阻计如图 8.30 所示，其灵敏系数是金属材料的 50 ~ 100 倍，其阻值在 60 ~ 1 000 Ω。

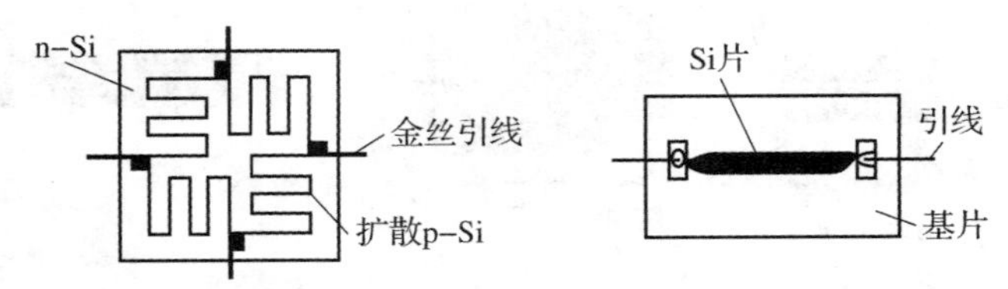

图 8.30　半导体压阻计[39]

压阻计和应变计可以和其他弹性材料组合在一起制成测压传感器。弹性元件首先把各种非电量转换成应变量或位移量，然后通过敏感元件再把应变量或位移量转换成电量。电阻应变传感器的种类很多，常用的有膜片式、筒式、杆形等。在圆形膜片四周被固定的情况下，膜片内侧面沿半径方向受压产生的应变为

$$\varepsilon_r = \frac{3p}{8h^2E}(1-\mu^2)(r^2-3x^2) \tag{8.34}$$

式中，p 为压力，MPa；μ 为膜片材料的泊松比；E 为膜片材料的弹性模量，10^5 MPa；h 为弹性膜片厚度，mm；r 为弹性膜片半径，mm；x 为弹性膜片中心至应变计计算点的距离，mm。

膜片式应变传感器如图 8.31 所示。图中 1、2、3、4 均为应变计。

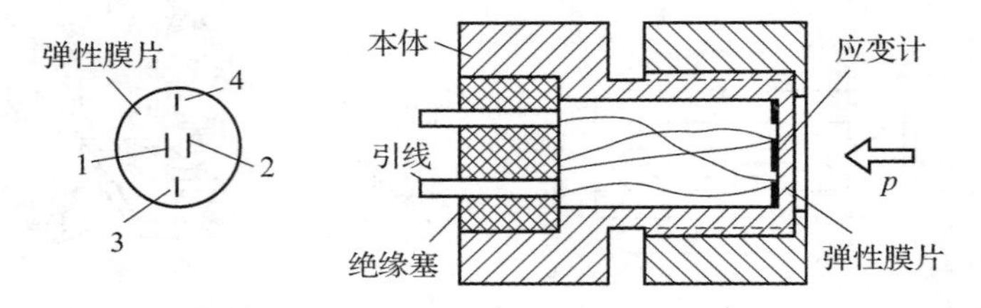

图 8.31　膜片式应变传感器[39]

当压力作用于筒式应变传感器（图 8.32）内腔时，弹性圆筒发生形变，应变计电阻也随之变化，在圆筒外表面产生切向应变。

$$\varepsilon_t = \frac{pd_0(1-0.5\mu)}{E(d_1-d_0)} \tag{8.35}$$

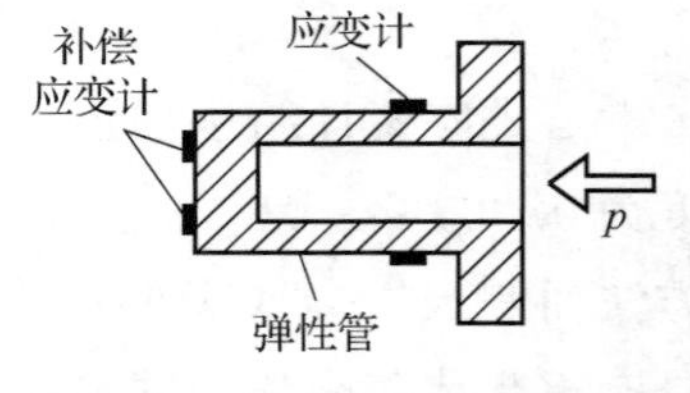

图 8.32　筒式应变传感器[32]

式中，d_0 为圆筒内径，mm；d_1 为圆筒外径，mm。

杆形应变传感器如图 8.33 所示。柱形压阻锰铜传感器如图 8.34 所示。

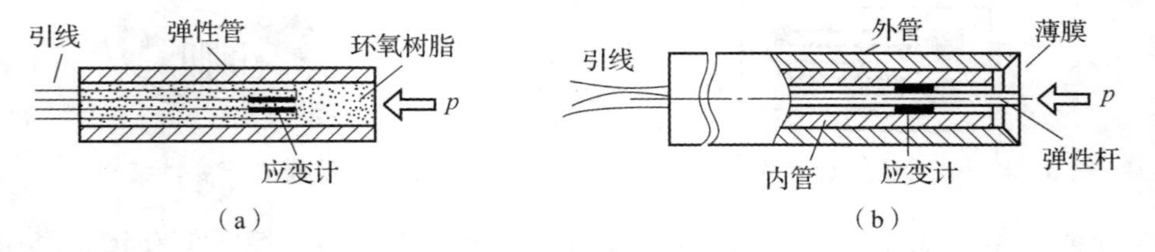

图 8.33　杆形应变传感器[39]

测量范围	5~50 GPa
响应时间	0.1 μs
基准电阻	0.2 Ω
供电电流	≤50 A/10 μs

图 8.34　柱形压阻锰铜传感器[39]

4）高、低压测试分类

高、低压测试系统输出的是电压随压力变化的信号，通过输出数据和波形，可以观察爆炸、燃烧与冲击过程中压力随时间的变化情况。如图 8.35 所示，高压测试系统中电探针的作用是触发脉冲恒流源给压阻计提供电流，使爆炸冲击反应过程、恒流源启动、压阻计采集爆炸信号等工作按时序同步进行。电探针的导通信号取自测量样品，它要在压力信号施加于压阻计之前的几个或十几个微秒启动。压阻计通电时间在几个或几十微秒，爆轰压力在这段时间传至压阻计，产生压力信号。

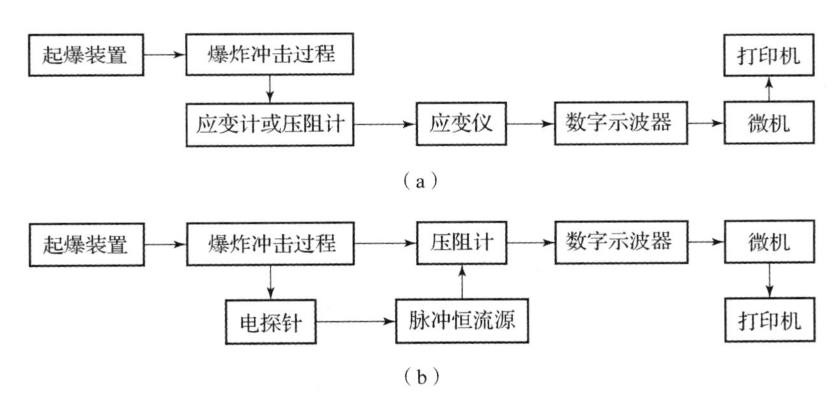

图 8.35　压阻法测试系统[39]

（a）低压测试系统；（b）高压测试系统

低压测试系统常用的有膜片式、筒式和杆形电阻应变传感器，也可以直接使用丝式、箔式和半导体型应变计或锰铜压阻计敏感元件，电阻值一般在 5 Ω 以上。测量高压时使用的是低阻值的锰铜压阻计，它的敏感元件尺寸很小。如 H 形锰铜压阻计，电阻 0.05～0.2 Ω，宽 0.2～0.6 mm，长 1～2 mm，厚 0.02 mm。压阻计的 2 条或 4 条引线都具有一定的阻值，为了减小引线电阻，4 条引线上可以镀银。由于引线直接与传输线连接，因此它们的负载阻抗等于传输线的特性阻抗 Z_c。这时可以把 H 形锰铜压阻计等效为一个电阻网络，如图 8.36 所示。图 8.37 是高压测量系统中数字示波器显示的电压变化波形。在实验前先对压阻传感器或测压系统进行标定，在已知标准压力情况下确定其输出电压值，分析测试系统的静态和动态特性。实验之后，通过计算的压力值和标定的压力值相比较，可以确定测试数据的误差。

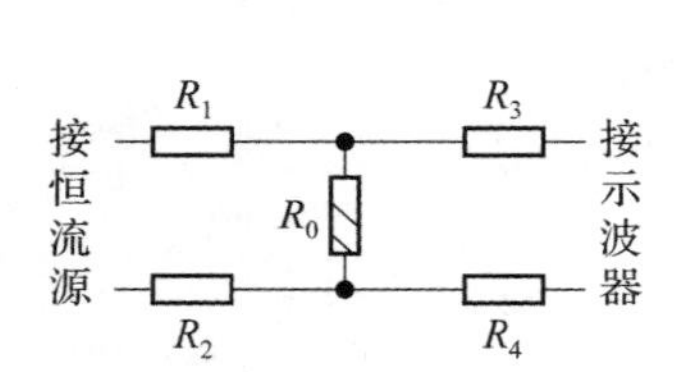

图 8.36　H 形压阻计等效电路图[39]

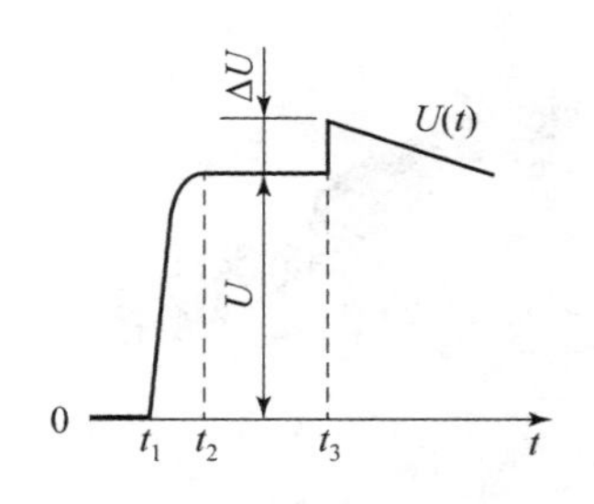

图 8.37　锰铜压阻计输出波形[39]

3. 电磁加速度传感器

电磁法基于法拉第电磁感应定律，采用电磁速度传感器或电磁冲量传感器作为主要测量器件，与其他仪器和设备组成测试系统后，可对动高压爆轰物理参数（爆炸产物速度、爆炸压力、冲量和应力）进行直接测试。电磁法测量爆轰参数的优点是原理和结构简单。需注意：电磁传感器在测量炸药爆炸性能时，需要埋入材料中间，因此不能忽略爆轰产物和各种材料的导电性对测试结果的影响[20,41,42]。

1）电磁速度传感器原理

当金属导体在磁场中做切割磁力线运动时，就会在导体的运动部位产生感应电动势，如果导体形成闭合回路，则产生感应电流。其电动势的大小与导线所包围面积的磁通量对时间的变化率成正比[43]，即

$$\varepsilon = -\frac{\mathrm{d}\Phi}{\mathrm{d}t} \tag{8.36}$$

式中，ε 为感应电动势，V；Φ 为线圈的磁通量，Wb（韦伯）；t 为时间，s。

因为磁通量与磁感应强度和面积有关，因此式（8.36）可改写为

$$\varepsilon = -\frac{\mathrm{d}(BS)}{\mathrm{d}t} = -\left(B\frac{\mathrm{d}S}{\mathrm{d}t} + S\frac{\mathrm{d}B}{\mathrm{d}t}\right) \tag{8.37}$$

式中，ε 为感应电动势，V；B 为磁感应强度，T（特斯拉）；S 为金属导体切割磁力线的面积，$S = Lh$。

当金属导体沿磁感应强度垂直方向做一维运动时[29]，

$$\frac{\mathrm{d}S}{\mathrm{d}t} = -L\frac{\mathrm{d}h}{\mathrm{d}t} = -Lv \tag{8.38}$$

式中，L 为移动导线 cd 的长度；h 为导线移动的距离；v 为导线 cd 切割磁力线的运动速度[20]。

式（8.38）代入式（8.37）得

$$\varepsilon = BLv - S\frac{\mathrm{d}B}{\mathrm{d}t} \tag{8.39}$$

当导体处于恒定均匀磁场中，$\mathrm{d}B/\mathrm{d}t = 0$，由此可以推出

$$\varepsilon = BLv \tag{8.40}$$

式中，L 为切割磁力线部分导线的长度，mm；v 为切割磁力线导体运动速度，mm/μs。

当定长导线做匀速运动时，式（8.40）算出的是恒定电动势，但在爆炸测试中，由于爆轰波在瞬间作用于导线上，它使导线做瞬态变速运动，因此计算得到的是相应时刻的瞬时电动势值[20,29,44]。

由动量守恒定律计算爆压：

$$p = \rho_0 D u \tag{8.41}$$

式中，p 为爆压，GPa；ρ_0 为炸药装药密度，g/cm^3；D 为炸药平均爆速，mm/μs；u 为爆炸产物质点运动速度，mm/μs。

忽略传感器的质量，可以认为金属箔敏感部位的运动速度就是爆炸产物质点的运动速度[20]：

$$u = v \tag{8.42}$$

因此式（8.41）可表示为

$$p = \rho_0 D \frac{\varepsilon}{BL} \tag{8.43}$$

2）电磁装置结构

常见的电磁装置有 C 字形［图 8.38（a）］、E 字形［图 8.38（b）］、永久磁铁型（图 8.39）、亥姆霍兹型（图 8.40）、轴对称型和线圈型（图 8.41 和图 8.42）等，其中前 4 种结构的感应电动势产生于金属导体的运动，后两种产生于磁场强度的变化[20]。电磁法测速系统工作原理框图如图 8.43 所示。

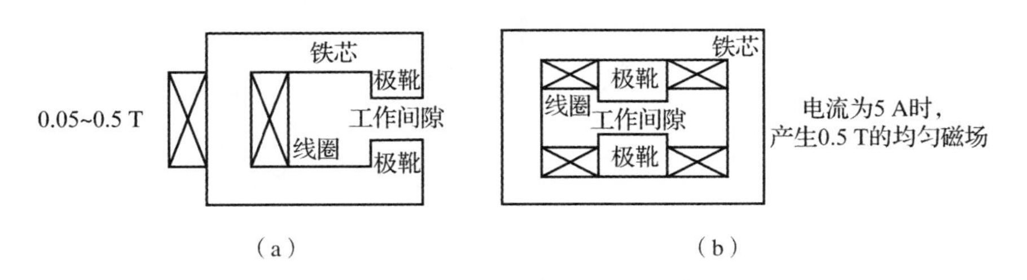

图 8.38　常用电磁装置示意图

（a）C 字形；（b）E 字形

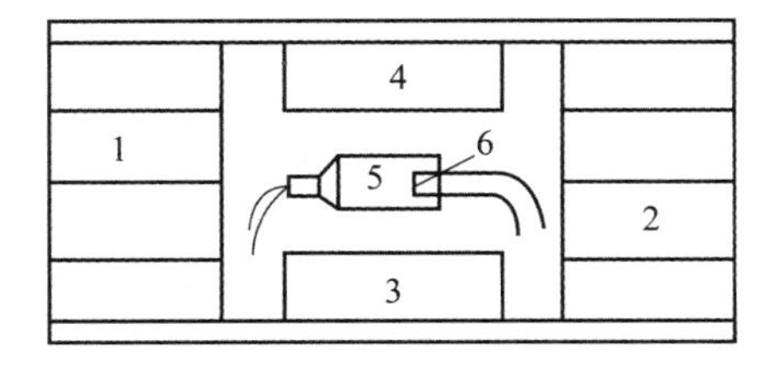

图 8.39　永久磁铁型传感器示意图

1、2—永久磁铁；3、4—N、S 极靴；5—炸药试样；6—敏感元件

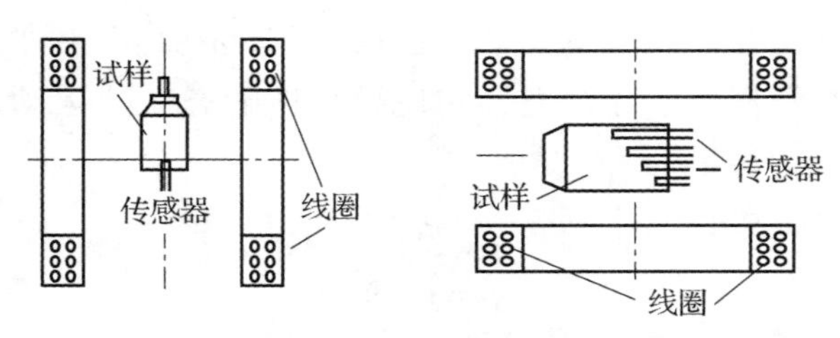

图 8.40　亥姆霍兹线圈型传感器示意图

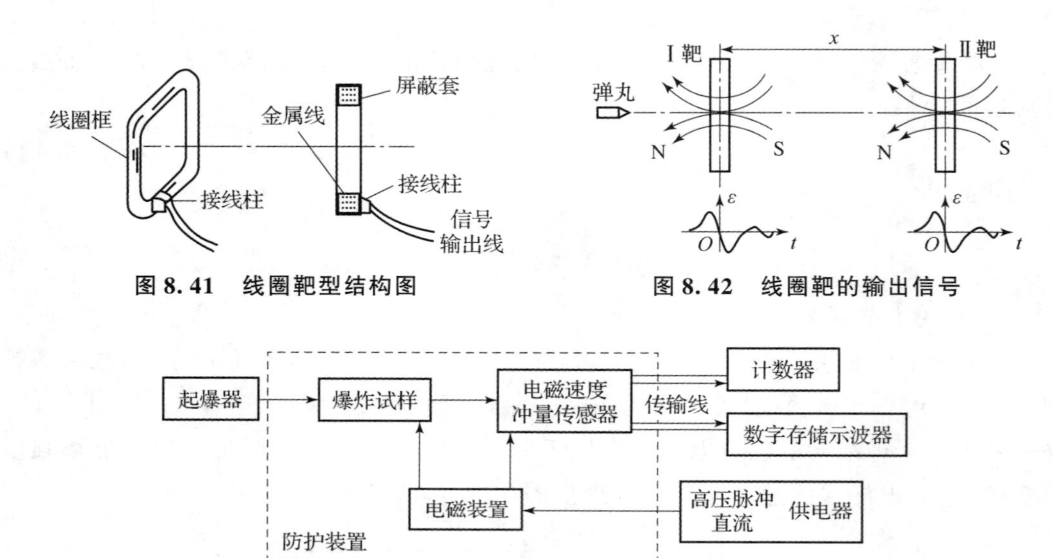

图 8.41　线圈靶型结构图

图 8.42　线圈靶的输出信号

图 8.43　电磁法测速系统工作原理框图

3）电磁装置结构

试样结构如图 8.44 所示，爆轰后流场分析示意图如图 8.45 所示。用于测量爆轰参数的电磁速度传感器的主要性能包括：量程：10^{-2} ~ 10 mm/μs；材料：铜箔、银箔和铝箔等，厚 0.005 ~ 0.1 mm；敏感部分尺寸：长 1 ~ 20 mm，宽 0.5 ~ 5 mm；响应时间：5 ~ 100 ns；磁感应强度：0.05 ~ 0.5 T。

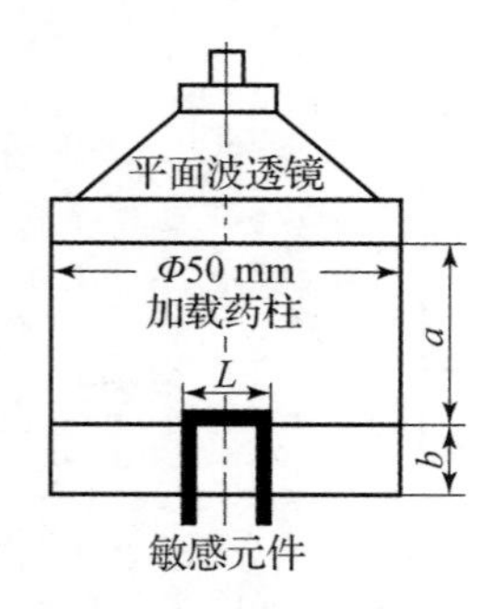

图 8.44　试样结构

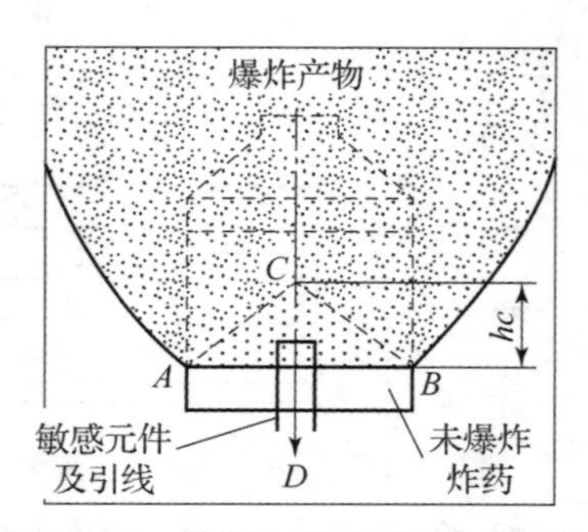

图 8.45　爆轰后流场分析示意图

参考文献

[1] YANG F. Research on explosion shock wave propagation law and blast loads distribution in a room of a framework structure [D]. Mianyang: Southwest University of Science and Technology, 2014.

[2] QI C, YANG S, YANG L J, et al. Blast resistance and multi - objective optimization of aluminum foam - cored sandwich panels [J]. Composite structures, 2013, 105: 45 - 47.

[3] 郭英男. 陶瓷面板复合装甲抗冲击性能及其构型设计研究 [D]. 西安：西北工业大学，2016.

[4] 亨利奇. 爆炸动力学及其应用 [M]. 熊建国，译. 合肥：中国科学技术大学出版社，1987.

[5] KINNEY G F, GRAHAM K J. Explosive shocks in air [M]. Berlin: Springer, 1985.

[6] 李亚斌. 冲击载荷作用下泡沫金属夹芯板抗冲击性能数值研究 [D]. 湘潭：湘潭大学，2018.

[7] 靳楠. 选区激光熔化制备的 Ti6Al4V 钛合金点阵材料力学性能研究 [D]. 北京：北京理工大学，2021.

[8] NATO. Procedures for evaluating the protection level of armoured vehicles - mine threat: AEP - 55 Volume 2 [S]. NATO Standardization Agency, 2011: 1 - 74.

[9] DHARMASENA K P, WADLEY H N, WILLIANS K, et al. Response of metallic pyramidal lattice core sandwich panels to high intensity impulsive loading in air [J]. International journal of impact engineering, 2011, 38: 275 - 289.

[10] DHARMASENA K P, WADLEY H, XUE Z, et al. Mechanical response of metallic honeycomb sandwich panel structures to high - intensity dynamic loading [J]. International journal of impact engineering, 2008, 35 (9): 1063 - 1074.

[11] 施祥庆，徐春冬，孔德仁，等. 基于预压水激波管的压力传感器动态校准实验研究 [J]. 测试技术学报，2020，34 (5): 401 - 412.

[12] 杨凡，孔德仁，姜波，等. 基于激波管校准的冲击波压力传感器动态特性研究 [J]. 南京理工大学学报，2017，41 (3): 330 - 336.

[13] 陈威铮. 水下冲击波压力传感系统校准方法及装置研究 [D]. 南京：南京理工大学，2017.

[14] 张珊波. 冲击波压力测量系统准静态校准方法研究 [D]. 太原：中北大学，2015.

[15] 杨凡. 冲击波压力测量系统联合校准及测量不确定度评定方法研究 [D]. 南京：南京理工大学，2020.

[16] 王海明，裴东兴，张瑜，等. 微小型放入式电子测压器的研究 [J]. 电子设计工程，2009，17 (12)：29 - 31.

[17] 关辉. PN 结温度传感器及其应用 [J]. 仪表技术与传感器，1989 (4)：17 - 21.

[18] 杨文杰. 压力传感器动态特性与补偿技术研究 [D]. 太原：中北大学，2017.

[19] 杨凡. 基于 BP 神经网络的冲击波压力传感器组件动态特性分段建模方法研究 [J]. 振动与冲击，2017，36 (16)：155 - 158.

[20] 李国新. 爆炸测试技术 [M]. 北京：北京理工大学出版社，2009.

[21] 丁宇. 磁控形状记忆合金执行器自感应特性的研究 [D]. 沈阳：沈阳工业大学，2010.

[22] 赵卫国. 电工技术基础实践与应用 [M]. 北京：北京理工大学出版社，2017.

[23] 黄正平. 爆炸与冲击电测技术 [M]. 北京：国防工业出版社，2006.

[24] 孙晓明. 一种新型的带放大器的压杆式压电压力传感器及其在爆炸测试技术中的应用 [J]. 中国安全科学学报，1998，8 (5)：60 - 63.

[25] 沈中城. 冲击载荷下材料及结构性能测试技术 [M]. 北京：高等教育出版社，2003.

[26] 第六章　压电式传感器 (一) [EB/OL]. https://wenku.baidu.com/view/3a9f0185ab8271fe910ef12d2af90242a995abd2.html.

[27] 纪剑祥，张青春. 传感器与自动检测技术 [M]. 北京：机械工业出版社，2018.

[28] 李志飞. 压电陶瓷迟滞非线性建模及补偿控制方法的研究 [D]. 太原：太原科技大学，2018.

[29] 李国新，等. 火工品实验与测试技术 [M]. 北京：北京理工大学出版社，2007.

[30] 第 5 章　电动势传感器 [EB/OL]. https://www.doc88.com/p-6542593253524.html.

[31] 姜秀新. 基于 OPCM 传感元件的标定试验与传感性能研究 [D]. 镇江：江苏大学，2009.

[32] YY2 自由场压电压力传感器结构示意图 [EB/OL]. https://www.baidu.com/s.

[33] 袁希光. 传感器技术手册 [M]. 北京：国防工业出版社，1992.

[34] 郭三学，刘彬．闪光爆震弹冲击波效应测试及分析［J］．火工品，2014（1）：42-44．
[35] 压缩型压电加速度计结构示意图［EB/OL］．https://www.cnee88.cn．
[36] CA-YD-103加速度传感器［EB/OL］．https://baijiahao.baidu.com/s?id=1728625526096528920&wfr=spider&for=pc．
[37] 电容式振动位移传感器应用示意图［EB/OL］．https://image.baidu.com/search/detail?ct．
[38] 郑志嘉．冲击加载下脆性材料中失效波的形成机理研究［D］．北京：北京理工大学，2015．
[39] 5压阻法和应变法［EB/OL］．https://www.doc88.com/p-9945787069688.html．
[40] 付敬奇，朱明武，卜雄洙．一种新型火炮膛压测量传感器研究［J］．南京理工大学学报，1996，20（3）：225-228．
[41] 汪涛．传爆药输出压力试验方法研究［D］．太原：中北大学，2014．
[42] 魏林．炸药爆轰波压力测试技术研究［D］．太原：中北大学，2012．
[43] 张少明．微小直径装药起爆与传爆特性研究［D］．太原：中北大学，2009．
[44] 程松．小尺寸装药爆轰驱动飞片速度测试研究［D］．太原：中北大学，2010．

附录

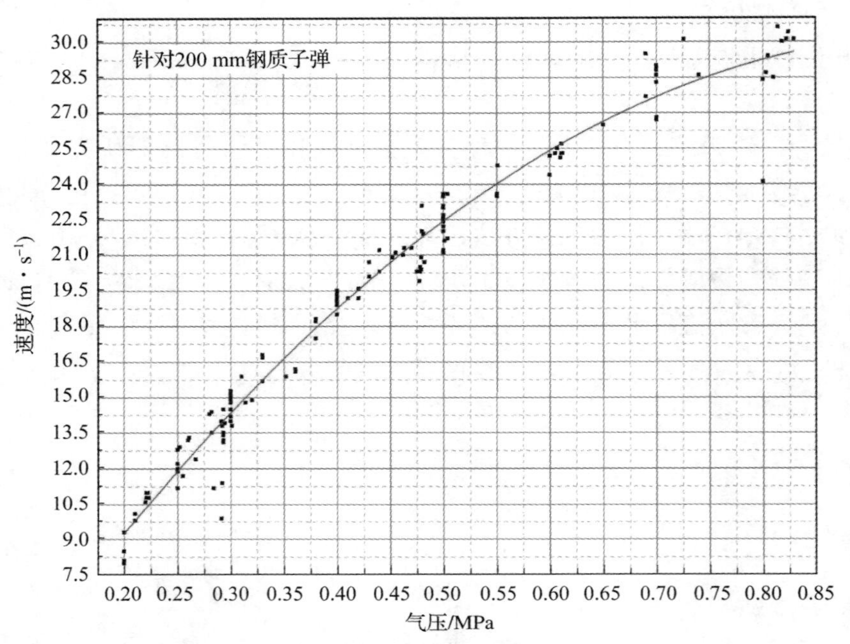

图 1　200 mm 钢制撞击杆气压速度对照关系